デザイン ディレクション ブック

橋本 陽夫［著］

Design Direction Book
for Business Person

マイナビ

サポートサイトについて

本書の参照情報、訂正情報などを提供しています。

https://book.mynavi.jp/supportsite/detail/9784839981815.html

・本書は2023年7月段階での情報に基づいて執筆されています。
　本書に登場するURL、Webサイト、ソフトウェアなどの情報は、すべてその原稿執筆時点でのものです。
　これ以降の仕様や状況等の変更によっては、技術情報、固有名詞、URL、Webサイト、参考書籍などの
　記載内容が事実と異なっている場合がありますので、ご了承ください。

・本書に記載された内容は、情報の提供のみを目的としております。
　したがって、本書を用いての運用はすべてお客様自身の責任と判断において行ってください。

・本書の制作にあたっては正確な記述につとめましたが、著者や出版社のいずれも、本書の内容に関して
　なんらかの保証をするものではなく、内容に関するいかなる運用結果についてもいっさいの責任を負いません。
　あらかじめご了承ください。

・本書中に登場する会社名および商品名は、該当する各社の商標または登録商標です。
　本書では®および™マークは省略させていただいております。

はじめに

0-1　本書の目的

　みなさんはデザインを難しいと思っていませんか。

　この本を手に取ってくれたビジネスパーソンのみなさんは、ビジネスにおいて自身の企画を製品化する過程でデザインについて意見を求められたり、さまざまな経緯でデザインを担当することになった際に、デザインのスキルを持っていないため困った経験をされた方も多いのではないかと思います。

　製品がハードウエアの場合に必要となるデザインは、製品そのものであるプロダクトデザインを始め、操作系としてインターフェースデザインやパッケージのデザイン、さらに販促のためのグラフィクデザインやウェブデザインなど多岐に渡ります。

　ビジネスにおける製品開発プロジェクトでは、ビジネスパーソンが責任のある立場として企画を取りまとめ、クリエイティブ関連も含めて社内を束ね推進することを求められることが多いと思います。そのため製品にまつわる様々なデザインに関しても責任のある意見が期待されます。

　ビジネスパーソンから見ると、デザインとは門外漢には扱うことができない専門職であるデザイナーだけのスキルであり、デザインのことはデザイナーに頼るしか方法がないと感じている方も多いのではないでしょうか。

　プロジェクトの成否を決めるデザインが、デザイナー次第になってしまうことに潜在的に不満は持っていても、デザインはデザイナーの選定により決まると考え、デザインそのものについて意見を差し挟むことを諦めているビジネスパーソンは少なくありません。

　ビジネスパーソンがデザインをデザイナーに頼らざるを得ない理由は三つあります。

- デザインの具体的なインプット方法がわからない
- 出来上がってきたデザインの評価方法がわからない
- デザインに対するセンスという特別な感覚が自分にはない

　デザインに普遍的な正解を求めることができないことはビジネスパーソンも理解していると思います。理由はビジネスと同じで、全く同じビジネス条件の元でデザインという因子だけを変えた販売実験という検証が不可能なためです。

　しかし企画者としてプロジェクトを束ねることが仕事である以上「デザインを上手く説明したい」「デザインを納得できる仕上がりに導きたい」と考えていると思います。さらに適用範囲を限って「プロジェクト限定という条件のもとであってもデザインにアカウン

タビリティが欲しい」もっといえば「自分だけの個人的意見としてでも自信が持てるデザイン案が欲しい」と切望していると思います。

　このように自身の企画案を具現化するデザインをデザイナー任せにするのではなく、主体性を持ってデザインをディレクションできるようになりたいビジネスパーソンは多いはずです。

　この現状を打開すべくデザインを学ぶために本を探してみた方もいると思います。しかしデザインのノウハウに関してグラフィックデザインやウェブ関連は多数が刊行されているものの、プロダクトなど製品開発については著名デザイナーの発想術や、アイデアの強制発想術、デザインを知識として広く浅く紹介した教科書的な書しかなく、デザインディレクションを行う上で最も知りたい「デザインを表現する方法」や「デザイン依頼時のインプット方法」と「デザインの評価方法」というビジネスパーソンが知りたいポイントに言及した書は見つからないのではないでしょうか。

0-2　本書の目標

　デザインディレクションを実行するためには、デザインの条件についてデザイナーへ明確に指示を出し、様々な場面でデザイナーと対等にデザインの議論を行い、デザイナーを始めとするステークホルダーが納得のいく評価を行うことが必要です。そのために以下の3つの項目を明確にすることが必要になります。

- 手順の明確化｜デザインプロセスをコントロールする
- 依頼の明確化｜デザイナーへ情報を整理して依頼する
- 評価の明確化｜提示した評価方法に基づいてデザインが変更・修正・決定される

　本書はこのようなスキルアップへの要望に応えるために以下の内容を記しました。

0-3　本書の概要

　デザインディレクターは個人の嗜好によりデザインを決定してはいけません。なぜならビジネスパーソンが目指すデザインディレクションにはアカウンタビリティが必要だからです。

　なぜそのデザインが適切なのか、デザイナーが納得する評価方法を提示し、その方法に従って評価・決定する必要があります。

　企画者であるビジネスパーソンは製品開発の起点を作るために、製品についてデザイ

ナーや他のステークホルダーの誰よりも多くのことを考えてきた自負があるはずです。この誰より広く深く考えた末に得た結果をもとにデザイン制作を依頼する方法と、ここから生み出した「プロジェクトの存在理由」や「製品コンセプト」を製品開発におけるデザインディレクションを行う際の論拠として活用し、デザインを評価する方法を記しています。

さらにデザインについて一定のスキルを身につけなければなりません。スキルといっても写真と見間違えるような絵が描けるような技術を求めているわけではありません。デザインディレクションを行うにはデザイナーやステークホルダーとデザインに対する認識を合わせるために、デザインを言葉で言い表し、議論できるスキルが求められるのです。そのために役立つデザインの構造や表現方法、さらにデザインを決めていく手順についても、分かりやすく説明していきます。

これら本書に記した概要を箇条書きにすると下記の通りです。

- デザイン制作の手順
- デザインの依頼方法
- デザインの表現方法
- デザインの評価方法

0-4　本書の特長

・ステークホルダーとの関係性を考慮

デザインを決める際のステークホルダーは、プロダクトの開発ステップごとにビジネスパーソンが直接関わる経営・事業企画・商品企画・マーケティング関連の上司・同僚・部下がいます。また専門のデザイナー・エンジニアなどクリエイティブ関連スタッフ、営業先として販売・流通関連のスタッフなど多岐に渡ります。製品開発ではこれらの立場の違いによる意見の衝突がジレンマを生み、判断を難しくしています。この様々なステークホルダーと折り合いを付けるために考えておくべきポイントを、デザインディレクターの立場から記しています。

・さまざまな製品開発に対応

プロダクトデザインは業種により作り出す製品は多種多様です。プリミティブな道具から大規模システムといった機能の幅広さ、民生品からプロフェッショナルユースの産業機器というユーザーの違い、コモデティ品からプレミアム品という感性価値の違い。このように製品カテゴリーやポジションによって製品に求められるミッションが大きく変わる

ため、開発時に大切にする優先順位も全く違ったものになります。こうしたあらゆる業種・製品に適合させられるようノウハウを概念化して記しています。

・さまざまな製品開発の組織形態や規模に対応

　製品開発のためデザインディレクションを必要とする組織は、デザイン部門を含むあらゆる製品開発機能を自社内に有する企業から、ファブレスで研究開発部門を持ち企画と販売を行う企業、また研究開発などは行わず企画と販売を行っている企業、デザインを請け負うデザインファームなどその形態は多岐にわたります。

　また製品開発の規模による開発リソースの差異はさまざまですから、全てのプロジェクトに適応した開発ステップを記すことはできないため、通底する考え方とノウハウを記しました。

　これらを特長として、デザインディレクションをビジネスパーソンが自ら考え実践できる力がつくように記しました。

0-5　本書の時代性

　現在は様々な価値が錯綜しています。従前の伝統的な価値や、経済合理性による価値判断の変化に加え、異常気象を引き起こす地球温暖化などによるサステナブルの重要性の高まり、またパンデミックや不安定な国際情勢などにより、将来はさらに不確実になっています。ビジネスパーソンは将来の打開に向け、新たな価値の創出に日々挑戦していると思いますが、これら価値の複雑化や社会の不安定化は製品の顔となるデザインの決定を更に難しくしています。

　このように価値が錯綜している現在こそ、製品の存在理由から製品コンセプトを考えた企画の発信源であるビジネスパーソンが、デザインを自主的かつ能動的にとらえ率先してデザインディレクションしていくことがビジネス成功の可能性を高める鍵として求められています。

　デザインを先天的な才能を持つ者だけが占有できるスキルと感じてひるむことなく、誰もがデザインの適切さを判断できることを理解し、デザインに積極的に関わっていくことは、ビジネスの成功だけでなく社会全体の文化・産業の発展にも必要不可欠です。

　ビジネスの成否は企画とデザインで決まります。その両輪を自分でディレクションすることで、納得できるビジネスの実現を目指していきましょう。

CONTENTS

第1章

デザインを決定できる
ビジネスパーソンになる
重要性

1. デザインの重要性は増している

　ビジネスにおいてデザインの位置付けは非常に重要になってきています。製品としてハードウエアを企画開発し、販売する事業であれば、プロダクトのデザインが必要不可欠です。スマートフォンのアプリケーションを企画開発する場合も、インターフェースデザインが求められます。レストラン経営では店舗の外観やインテリア、さらにサービスロゴやメニュー、ウェブやSNSに掲載するためのグラフィックなど、たくさんのデザインを必要とします。また従来はデザインが縁遠いと思われていた土木や設備関係でも、デザイン的に優れていることが競争力に直結するようになりました。

　なぜでしょうか。

1-1. ビジネスにおけるデザインの重要性とは

　「ビジネス」は広辞苑で「仕事、実務、事業、商業上の取引」とあります。この中で自ら主体的に動いて新しいビジネスを発展させるという観点からすると「事業」がふさわしいでしょう。そしてビジネスの語源についてはいろいろあるようですが、「**気にかける**」と言う意味があります。まさにこの「気にかける」という言葉がビジネスにぴったり当てはまるように思います。

　事業ですから自分だけが「気になる」ことではなく、他の人も賛同してくれるであろうことを気にかけて、その人たちから良い評価を受けることを目標として、結果として糧を得ることを目指していくことでしょう。これは心配事という課題を「気にかけて」解決する策。つまりソリューションを提案することと受け取れます。ソリューションを提案する。この行為は企画そのものです。

　では事業はそのソリューションが提供されれば、それで満点となるでしょうか。

画期的なソリューションで他の追随を許さないモノであれば、どんなに使い方が難しく、使い勝手が悪くても、ユーザーがマニュアルなどを見て勉強して使ってくれるかもしれません。産業用の装置など操作が非常に難しくても、ユーザーがその機能を必要としているのであれば、自身のリテラシーを高める努力をして装置を使いこなそうとしてくれます。身近なところでは自動車の運転、プログラミング、IllustratorやPhotoshopなどのグラフィック関連アプリもこの類に該当します。しかし誰もが一般的な生活に使う民生品において、このように悠長なことを許してくれるユーザーは皆無でしょう。

ソリューションを実現する上で、「見た目（以降アピアランス）だけで使い方が分かり、使い勝手の良さを醸し出している」ということを、コンペチタ*は当然の条件としてしのぎを削り製品開発をしています。そのアピアランスで使い方が分かりづらそうと思われれば、ユーザーにその製品が使われることはなく、他の製品が購入され、結果として提案した製品自体がなかったかのように市場から消えてしまうでしょう。

＊コンペチタ
競争相手となる、あらゆるヒエラルキーの同業他社。

デザインの定義

「デザイン」の定義は、広辞苑では「（1）下絵。素描、図案。（2）意匠計画。製品の材質・機能および美的造形性などの諸要素と、技術・生産・消費面からの各種の要求を検討・調整する総合的造形計画。」とあり、（1）はデザインした成果物を表し、（2）はデザインという行為を表しています。

（2）で表されるデザインという行為は、製品に求められる条件と、製品の材質と機能と同列に美的造形性を検討し調整してすり合わせる造形計画としていますから、意図を持って製品を形に作り込んでいくことが求められる仕事です。この作り込んでいく意図が、想定しているユーザーにわかりやすく伝わり、かつ好まれることが求められます。少なくとも嫌われないことが絶対に必要となります。

経済成長期の製品は、製品を普及させることが第一とされ、新しい機能の製品をより安価に作れば売れるという時代でした。そのため「機能と作りやすさ」を最優先にしてユーザーの好き嫌いは二の次という供給サイド優先の考え方が主流でした。しかし現在は製品が足りない時代ではありませんから、ユーザーも製品を手にいれるならデザインが好みであることが選定基準の上位になることが当たり前になっています。

表現の手段としてのデザイン活用だけでなく、ビジネスにとってもソリューション提案における使い勝手を表現する手段としても重要性は日に日に強まっています。これは企画としてソリューションの有用性が高いだけでなく、アピアランスだけで使い勝手の良さが感じられ、実際に使いやすいデザインであることが当たり前になっているということです。

1-2. 企画者としてビジネスパーソンに求められるセンスとは

　ビジネスではビジネスパーソンが企画者となってプロジェクトの起点を取りまとめることが多いと思います。企画者はビジネスプランとして企画を練る力があることが認められている、またはその可能性を見込まれている者が担当しています。企画を練る力という中には問題を提起する力と併せて、製品を提供する際のソリューションに対するセンスも強く求められています。

　「センス」とは広辞苑によると「(1) 物事の微妙な感じをさとる働き・能力。感覚。以下略 (2) 思慮。分別」とあります。製品の企画ではこの (1) 物事の微妙な感じをさとる能力や感覚を活かし企画案全体をコントロールすることが望まれています。

　私たちは日常的に誰もがユーザーとしてデザイン (ファッションや生活雑貨など) を選択しています。そこには個人の持っている微妙な時代感を感じ取る能力や感覚としてセンスが如実に顕在化されるため、企画を誰に任せるか考慮する際の重要な判断材料の一つとなります。

　企画した案件にもデザイン的素養や自己主張があることは当然のように求められることからも、企画立案する人はセンスが良いことが前提であることは、ビジネス上のコンセンサス*になっていることはみなさんも感じていると思います。

＊コンセンサス
プロジェクトに関わる全員または複数人の合意を得ること。

1-3. デザイナーから見た企画者

これまで私はデザイナーとして、またデザインディレクターとして様々な企業の企画担当の方々と仕事をしてきました。そのなかで企画者の行動がデザインに悪影響を与えてしまう場合があります。

例えば、事業責任者が企画者にデザインを一任していたにもかかわらず、それまでの経緯を無視したデザイン批判をしたり、個人的な好みからデザインを否定するような場面があったとします。そのような状況に対し、企画者が決定に至ったデザインについて適切に説明し説得することを試みれば、デザイナーも企画者と同じ視線で責任者が納得するよう説明を補足することができます。もし企画者が責任者に言われるままあっさりとデザインの変更に賛同するようなことがあれば、企画者とデザイナーの信頼関係は崩れ、企画者にとって満足のいく製品を作り上げていく機会は失われることになります。

これは企画者がデザインの責任を負うという仕事を忘れ、上司に責任転嫁した結果と言えます。

企画者がデザイナーと一緒に企画案とデザインの整合性を突き詰め、最終段階に至るまで適切な検討がなされていれば、デザインに要した経緯をすべて覆すような上司の発言に対し、手放しで賛同するようなことにはならないはずです。

反対に「デザインのことはお任せしましたから」といって全く何も語らない責任者もいます。しかしこれも責任回避のためであることが多く、注意しなければいけません。本音は腹にしまい企画の結果次第で「私が自由にやらせてあげる土壌を作ってあげたから」「私はあのデザインは最初から良くないと思っていた」と逃げ道を作る責任者に見られる発言だからです。

企画者が責任者の顔色を見てデザインの評価を決めていると、担当するデザイナーはそのような企画者を全く相手にしなくなります。そしてデザイナーは依頼してきた企画者や製品コンセプトが視界から消え、責任者の承認のみを目指してデザインをするようになってしまいます。

こうなっては企画者とデザイナーの間に信頼関係を築くことはできません。外部のデザイナーに依頼しているのであれば、デザイナーから自分の考えを持たない駄目な企画者という烙印を押されたとしても、企画者はそのような評価を下されていることも知らずに、毎回同じことを繰り返してしまうでしょう。それでも責任者に気に入られていれば、いい企画者として社内で通用しているように見えるかもしれませんが、これではとても企画者として一人前とは言えません。その評価を鵜呑みにして転職などしたら、全く使い物にならない企画者ということが露呈します。

　この例のように、意思決定する責任者の好き嫌いでデザインを決めていると、責任者が変わればデザインの評価が変わってしまい、コーポレートアイデンティティ（以降 CI）やブランドアイデンティティ（以降 BI）を守ることはできません。デザイナーから見て製品の開発をつかさどる企画者には、デザインをしっかりと評価して合理的な根拠のある判断を行ってもらうことが期待されているのです（図1-1-1）。

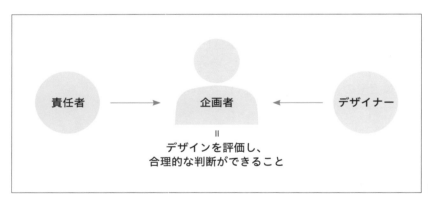

図1-1-1　企画者の役割

1-4. 企画者がデザインに対して発言力を持つ重要性

　いくらビジネスプランとして企画が良くてもデザインが伴わなければビジネスは成功しません。逆にデザインがいくら良くてもビジネスプランが伴わなければ、その製品は売れません。この両者はビジネスの両輪ということです。

　企画者はセンスの良いことが求められています。それは出来上がってくる製品のデザインのイメージもおぼろげであれ掴んでいることを期待されている表れです。企画者として製品の具体的イメージを持っていることが求められ、欲しいアピアランスを主張することが求められているということです。

　これは企業経営を行っているステークホルダーから、企画者はデザインとの橋渡しを期待されているということです。

　ビジネスの企画案は、クリエイターやステークホルダーが納得できる分かりやすさが求められます。分かりやすいとは説明ができ、その説明が論理的かつ平易で実現可能性が高いと予測されることが必要で、みんなが腑に落ちる案ということです。

　このようにデザインに対する発言力は、企業の競争力を高めるのはもちろん、企画者にとってもキャリアを成功へ導くための大切なスキルの1つとして重要なことは語り尽くせないほど大きくなっていますが、そのようなスキルをどのようにしたら得られるか分からないというジレンマを持っています。

　説明できることをアカウンタビリティがあると言いますが、これは説明する側と聞く側に共通の尺度がなければ成立しません。ビジネス案についてビジネスパーソンは、マーケティング手法における様々なものさしとして一般的な共通の尺度を持って使っています。しかしデザインに関して一般化しているものさしはありません。これもデザインをわかりにくいと感じる一因ではないでしょうか。

2. ビジネスパーソンとデザイン

2-1. ビジネスにおける3つのクリエイティブ

　ビジネスにおける製品開発では、ビジネスパーソンがプロジェクトの企画者としてクリエイティブ関連も含めて推進するのが一般的です。

　ビジネスパーソンとして企画を立てるという行為は手慣れているはずです。企画案に含まれる企画の必要性・企画概要・実現可能性など経済条件からの算出には精通しているでしょう。また企画のオーソライズにあたり社内のネゴシエーションなどにも長けていると思います。

　自身が経営者になった場合はなおさらです。企画を立てたり、ネゴシエーションは得意だと思います。しかし専門外だからとデザインには触れずに、企画を製品に作り上げるということはできません。

　経営者に至る過程は様々です。企業の中で出世競争を勝ち抜いて経営者になった方。事業継承を受けて経営者になった方。事業コンセプトを考え起業して経営者になった方などがいます。

　また経営者になれば様々な判断をすることになります。それも社長となれば最終の決断を常に求められることになります。この中で難しい決断のひとつがデザインの決定です。

　このように色々なスキルを持つビジネスパーソンが企画者となりますが、プロジェクトを束ねる際の障壁となるのがクリエイティブに関連する仕事です。ビジネスにおけるクリエイティブは、大きく三つに分かれます。

- 製品の機能や性能を決定するエンジニアリング
- 製品のアピアランスを決定するデザイン
- 製品のマーケティング面を支えるコミュニケーションデザイン

これら三項目のうち、エンジニアリングについては同一カテゴリーの製品企画を複数経験していれば、その延長線上にある技術的な課題などはある程度、把握できていると思います。

次いで製品のアピアランスを決定するデザインです。本書で対象とする製品はプロダクトですからプロダクトデザインについて記します。

三番目のマーケティング面を支えるコミュニケーションデザインについては、製品仕様が固まり、製品がほぼ出来上がった状態から始める仕事です。このディレクション特有のコツについては機会を見て別書で記したいと思いますが、製品のアピアランスを決定する製品のデザインディレクションができれば「ユーザーに何を訴えたいか」というコミュニケーションデザインの根幹となるコンセプトを的確に提示するディレクションができるようになりますから、まずは製品のデザインディレクションを学ぶことで徐々に身についてくると思います。

2-2. ビジネスパーソンが
デザインディレクションをする理由

ビジネスパーソンはどのような業種でも「企画する」ことが求められます。この企画とは製品づくりの起点づくりです。ですからあなたは誰に向けてどんな機能を持ち、いくらで提供し、どのように売り出すか、マーケティング手法を駆使してあらゆる面から企画を練り、完璧を目指し決定していきます。しかしユーザーから直接評価される「デザイン」が製品の価値を決めてしまうことが多々あります。企画は面白いがデザインが良くないために売れ行きがいまいちだったり、デザインが適切でないためユーザーから全く注目されないといった場合です。

逆にデザインだけが目立ち、何をする製品か分からなかったり、製品の良さを隠してしまう製品など、世の中には残念な製品を散見します。

ビジネスパーソンであり企画者であるあなたの願いは、企画案をできるだけ誤差をなくしてユーザーへ伝えたい、ということだと思います。企画案をユーザーの目に見える形にまとめるためにはデザイン行為が必要です。「企画とデザイン」この2つは製品の両輪です。渾身の企画案をとりまとめ納得できるデザインに仕上げ、両輪を揃えること

ができれば自信を持って製品を世に問うことができるでしょう。

　だからこそ企画の発信源として誰よりも企画を考え熟知している企画者がデザインを決める行為、すなわちデザインディレクションを行いたいと思うことはとても自然なことだと思います。

　企画者は現在の社会と自社製品の関係を熟知しているはずですから、売れている製品は今という現在の時間にだけ適合した特殊解であることを知っています。この条件が少し変わるだけで見違えるように販売動向が変化することを誰よりも体感で持っているのも企画者です。そのためアピアランスが少し変わることがどれだけ売上に影響するかもよく分かっていると思います。ですから企画者がデザインの決定を主体的に行うデザインディレクションは正にシックリくる役どころです。

　特にイメージが企画者にしか存在しない新領域での事業では、企画の周知を広げステークホルダーの輪を広げていくために、具体的なデザイン案を見せたいところですから、少なくとも企画決定時期までは企画者にしかデザインディレクションを行うことができないということが発生します。

3. ビジネスパーソンが抱える
デザインに関する課題

3-1. デザインセンスに自信がない

　個人がデザインとの関わり方として最も身近に感じるのはファッションではないでしょうか。服はもとより、バッグ、腕時計、アクセサリなどの服飾雑貨です。次にデザインを気にするモノとしてインテリアや家といった居住関係などで、壁紙や家具の他にもカーテンやリネン類、食器などがあり、移動手段として自転車や車などもあります。

　仕事で着るスーツや靴はシックでオーセンティック*なモノでも、スポーツの時はまったく異なるコントラストの強いモノを着ることもあると思います。また同様にインテリアにはキャラクターを大胆に取り入れたりすることもあるでしょう。ビジネスパーソンであるあなたは、これらのデザインについて自信を持って説明できるでしょうか。

*オーセンティック
本物の、正当な。

　ファッションのトレンドには気を使っているとか、なんとなくトラディショナルが好みとか、サーファー風とか、ミュージシャン風、など学生のころから変わらない趣味で一貫している方もいれば、年齢とともに変化したりしている方もいると思います。このように人は自分のファッションについてはそれなりに言葉を用いて口にします。それに対してファッション以外のデザインについては、分からないという方が非常に多いと思います。

　ファッションについては「自分一人が責任を背負うべき表現手段だから、何を着ても自由でしょ」という開き直りができます。しかしファッション以外のモノとなると、家族や同僚など他の人と共有で使うため社会性が発生しますから、自分の嗜好だけでデザインを押し通すことができにくくなります。また車なども価格差が大きく、いくらカッコ良いからとランボルギーニが欲しくても、見合った収入がないと手にいれることはできず、関係性を持てません。

　自分に直接関係しない、または関係性を持てないモノのデザインに

はさして興味が湧かない。興味を持っても仕方がないと考えがちなのではないでしょうか。

このようなデザインへの関心の持ちようの中で、新企画を立ち上げた企画者としてデザインに関わる必要が生じた場合、あるいは仕事の異動でデザインをつかさどる役割を求められた時など、デザインをディレクションすることになった場合、自身のセンスに自信が持てず困ってしまうわけです。

センスと聞くと先天的なものという先入観があるかもしれません。

「センス」とは前述の通り広辞苑では「（1）物事の微妙な感じを悟る働き・能力。感覚。（2）思慮。分別」です。様々なセンスがありますが、デザインに活用するには「近未来のトレンドを嗅ぎ分けるセンス」が欲しいところなので、過去から現在、未来に向けてトレンドがどう変わっていくか、といった大きな流れを感じ取る働きを、ここではセンスと定義して考えていきます。「今シーズンのアパレルは〇〇色がトレンド」というような局所的な情報ではなく「様々な製品がデコラティブからミニマル方向に動き出した」というような大きなトレンドを「どちらの方向に、どのくらいの勢いを持っているか」のように抽象度を高めて把握することが大切ですから、このセンスが後天的に磨けるかを考えていきます。

3-2. デザインを言葉で表現できない

次にデザインディレクションが難しいと思われる大きな原因の一つに、デザインを言葉で表現することが難しいと感じていることがあると思います。

あるデザインを見たときに一般的にみんなはどう思うのか、この赤い色をみんなはどう思っているか、あの丸い形は、そのザラザラした質感はというデザインを見た際にどのような認知が生まれるか、あなたは上手く説明できるでしょうか。

デザインの評価は一意的に決まるものではなく、様々な概念の組み合わせで決まります。例えばアイデンティティの例として、赤い車と一口に言っても大型車だと消防関係かなと思いますし、車高が低く流線型ならスポーツカー、軽自動車のバン型なら郵便局の配達などさまざ

までです。

　このようにあらゆるモノは概念の組み合わせにより用途や機能、イメージなどが決まるため、デザインを考える際はモノが持つ概念を分解して考えることが必要になります。

　製品のデザインディレクションの際はどうでしょうか。企画をデザイナーにインプットする時に、企画が持つ概念をどのようにデザインで具現化して欲しいのか説明が必要になります。そしてデザインの採否を決める際はなぜこのデザインを選んだのかといった批評を説明する必要があります。

　実体がまだ存在しない企画案を抽象化した概念をデザイナーへ伝え、その概念からデザインを具現化してもらい、具体案であるデザインを批評するためにまたデザインを抽象化してデザイナーへ概念としてフィードバックする。このようにデザインをつくるためには概念の具現化と抽象化を行ったり来たりすることが必要で、デザインの言語化は避けて通れません。

　しかしデザインを構成する形態・カラー・質感はどれも定められた言葉で表すことを決められているわけではなく自分で臨機応変に表現しなければなりません。

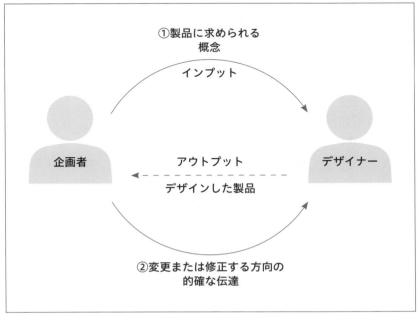

図1-3-1
デザインディレクションで
の企画者の役割

デザインディレクションにおいては、デザイナーへインプットした製品に求められる概念と、アウトプットされた製品のデザインからユーザーが受け取る概念の間の因果関係を、主に言葉を用いてコントロールすることが必要となります。

具体的にはこれら因果関係を把握した上で、インプットからズレてしまったアウトプットの概念を的確に指し示し、変更または修正する方向を的確な言葉やスケッチ・写真などのイメージを使って伝えることが**デザインディレクション**になります（図1-3-1）。

3-3. センスは先天的に決まってしまうのか

ある講演会でファッションデザイナーの山本耀司さんが「ファッションセンスのうち、形と色は後天的に鍛えられる。しかしボリューム感は先天的なものだ」とおっしゃっていて、とても共感したことがあります。携帯小物のプロモーションのためスチールやビデオ撮影を行った際、モデルさんの表情、着ている服、髪型、靴など、形態やカラーや質感は大切なのでもちろん吟味します。寄りの画角ではディテールが見えてきますから、画角の範囲での携帯製品と一緒に映る人やアパレルの見え方を大切にします。しかし引きの画角では、携帯小物は製品サイズが小さいですから細部が見えなくなります。その際はアパレルや携帯小物のボリューム感が非常に大切になってきます。形態やカラーや質感はボリューム感の上に乗って表現する手段です。ですからファッションの土台となるボリューム感がトレンドを反映していないと全てが台無しです。ボリューム感は時代感と直結しています。

今まで様々なスタイリストさんと仕事をしましたが、ボリューム感を見事にアジャストできるスタイリストさんは間違いなく良い仕事をしてくれます。

この話を伺った当時、クリエイターとしてセンスは鍛えられるものかどうか考えていた時だったので、「形と色は後天的に勉強できる」という山本耀司さんの言葉はとても心強く感じました。しかしボリューム感に限らず天才的なセンスの持ち主がいることも確かで、先天的としか言えないひらめきの凄さがあることも何度も目の当たりにしました。自身が天才的であると自信のある方以外はセンスを磨くことを一緒に

考えていきましょう。

　では後天的に鍛えられるセンス、それもトレンドを感じるセンスに焦点を当てて考えてみましょう。

3-4. トレンドを感じるとは

　一つ言えることは、トレンドというとどうしてもモノの供給者サイドが作るものと感じますから、企画者のあなたはトレンドを考えるときメディアで流布されているさまざまな情報を探したくなります。例えばプルミエール・ヴィジョン*などが有名です。世界中のさまざまなメーカーがこの情報を元ネタとして新製品を多数市場に出してくる事実から、情報としてとても有益です。しかしここでは個人のセンスを磨くことを考えていますから、このような業界情報を人一倍早く集めれば良いという類いの話ではありません。

　センスは一朝一夕に身につきません。様々なモノゴトを大量に、しかも何シーズンも長い時間をかけて見続けることで、時間軸の変化とともにトレンドが変化していくことに気が付くようになります。AIがディープラーニングするイメージです。これらの時間軸を伴って変化していく様々な事象を、自身の中でなぜこのように変化してきたのかという仮説を立て、その仮説が正しく変化を捉えてきたかといったことを次のシーズン、その次のシーズンと検証する必要があります。

　ですからトレンドを感じるセンスを磨くためには、興味がある無しに関わらず、雑多にある様々なモノをとにかくたくさん見て、「最近モノのエッジが立ってきたな」とか「素材量が増えてボリュームが上がってきたな」「無彩色から色相が入ってきたな」など帰納的推論*が行えるようになる必要があります。

　10代の頃は「トレンドなんて関係ないよ。私がトレンドそのものだから」とみんな思っていたと思います。これは身の回りにいる友人や知人が、トレンドを作っている当事者として感受性が高い若者ばかりだったため、トレンドに浸かった生活を送っていると感じるのだと思います。身の周りの環境全体がトレンドに浸かっていることが一番ですが、そんな環境で生活できないビジネスパーソンは意識してトレンドを感じるために、推論が行えるようにたくさんのモノを見る生活を試

*プルミエール・ヴィジョン
全世界のファッション業界に向けて年2回パリで行われる生地を中心とした展示会。そこで提案されるカラーや素材などのトレンドは、ファッション業界に大きな影響を与えます。さらにこのトレンド提案は耐久消費財や生活雑貨などのカラーリングにも波及し、多くの業界のトレンドにも影響を与えています。

*帰納的推論
個別の事例から一般的な法則を導くこと。

みることが大切です。

3-5. トレンドを感じるセンスの磨き方

　まずは自分が興味のあることからトレンドの変化を一つの事象として捉まえてみましょう。ファッションを例に考えてみます。そこで自身が最も気になるトレンドの変化を感じたら、その変化がファッションというカテゴリーの中でどのくらい波及しているか見てみます。ここで言っているトレンドの変化とは、自身で気づいたトレンドの仮説になります。

　次にその仮説のハマる範囲をファッション以外にも広げてみましょう、インテリア、さらにプロダクトなどにも起きているか見てみましょう。仮説がどのくらい広く影響を与えているかを観察します。まだ影響していないとしたら、そのカテゴリーは影響を受けた際どのように変化することが可能なのかなど、今後の変遷の仮説も考えてみましょう。そしてこれらの仮説が現実になるのかを観察し続けます。このように仮説の確実性を自分なりに検証していく姿勢を持ち続ける。これがトレンドを感じるということに繋がりますから、適宜様々なモノを見て仮説を立て考察することが大切です。

　以上のような視点を持つことは、様々なプロジェクトでデザイナーや企画者と議論できるようなセンスを磨くために、トレンドをつかむ一つの方法として効果があると思います。

　これらの概念やデザインを表す言葉やイメージのボキャブラリーを増やすこと。また考え方や伝達スキルを鍛えることやトレンドを感じることは、努力すれば身につけることができます。つまりデザインディレクションは先天的な才能だけで構成されているのではなく、練習を積めば一定のレベルまでできるようになります。あとは実行あるのみです。

第2章

デザインディレクション
という仕事

1. デザインディレクションとは

　デザインディレクションとは何か。毎日仕事としてデザインディレクションを実行している私は、デザインを生業にしていない友人のこの問いに驚いたことがあります。デザインの定義は前述したとおり「製品に求められる条件と、製品の材質と機能と同列に美的造形性を検討し調整してすり合わせる造形計画」です。ではディレクションとはなんでしょう。ジーニアス英和辞典によると「Directとは道を教える。指揮する。管理する。監督する。演出する。指図する」とあります。

　デザインとディレクションを合わせた言葉であるデザインディレクションとは「製品に求められる条件と、製品の材質・機能・性能と同列に美的造形性を検討し調整してすり合わせる総合造形計画を作るための道筋を示し、指揮・管理するために監督・演出・指示する行為」となります。これを箇条書きにすると以下の通りです。

デザインディレクションとは…
- 対象は**ユーザーを想定して作る製品**であること
- 範囲は**製品をかたち作る諸要素全て**
- 行為はユーザーからの受け止め方を想像し**最適解**（総合造形計画）を考えること
- 役割として上記の3項目を行うため**方向性を示し実行を指示**する

　ここでポイントはボールドにした箇所で「ユーザーを想定して製品をかたち作る諸要素全ての最適解」、これがデザインであり「デザインの方向性を示し実行を指示する」がデザインディレクションとなります。

2. デザインを決めるとは

　製品を抽象化して概念としてデザイナーなどのステークホルダーに
プロジェクトやデザインの条件を伝えデザイン開発が始まると、次に
デザインを決めることが求められます。

　第1章の「デザインセンスに自信がない」というトピックと関係しま
すがデザインを決めるとき、まず行うことは、製品の概念のなかで最
も強く打ち出したい概念、すなわち製品コンセプトを当該のデザイン
はどの程度、的確に表現できているかどうかを判断することです。こ
の製品コンセプトをデザインがうまく表現できているかという判断も、
最初は難しいと感じるかもしれません。

　あなたが事業責任者の場合、デザインが満足できないときはコンセ
プトメイクの段階に遡るよう指示することも可能です。事業責任者が、
自身の事業で用いるデザインを自分の意思で判断することは当然のこ
とです。しかし決定が責任者の個人的な嗜好で判断したと受け取られ
る発言をしてはいけません。**アカウンタビリティ（説明責任）**を持つこ
とが必要です。

図2-2-1　ディレクターの
なすべきこと

デザインディレクターが製品開発で実行すべきことは、デザイン案を自身の嗜好によって判断するのではなく、製品コンセプトの優先順位に従い、いかに上手く製品コンセプトがデザインに具現化されているかを評価するという一点です（図2-2-1）。

アカウンタビリティのない判断は、企画を練り上げたスタッフやデザインを懸命に考えてくれたデザイナーを納得させることができません。納得させなくても仕事として進めてしまうことは可能ですが、デザイナーたちはプロフェショナルとして製品コンセプトに見合った製品を作り込んできてくれています。良いところをうまく拾い上げ、関わるスタッフとデザイナーの総力を結集して製品を作り上げた方が、結果として製品の仕上がりは良くなります。

製品コンセプトを超えるアイデアでプロジェクトに相応しいデザインが提案された場合は、プロジェクトの見直しを行うため開発計画の変更を宣言し、製品コンセプトの変更を検討しましょう。

自身の嗜好を発動してデザインを決めてしまうのではなく、これらを踏まえ製品コンセプトに沿って評価する。この基本をまずは守っていくことが大切です。

3. デザインディレクターに必要な要件とは

3-1. マネジメントとスキル

　デザインディレクションはデザイナーと向き合ってデザインの方向付けをしていく行為ですから、デザインの専門性について、デザイナーよりも上位のスキルと実績が必要だと考えていませんか。

　この問題を考えるためにマネジメントと、スキルについて考えてみましょう。

　レストランで例えるなら、マネジメントを行うマネージャーやディレクターが調理のスキルを持ったシェフよりも料理が上手であることが必要かという問題です。マネージャーは厨房・ホールなどお客様とスタッフの全体を見て、レストランを適切に切り盛りし、管理できればよいのです。また料理のメニューや揃えるワイン、デザートの構成、店頭のアピアランスや店内の雰囲気、そして料理の決定はディレクターの仕事になります。個人経営では経営者がこの任に就きますが、マネージャーと同様にシェフよりも料理が上手である必要はなく、インテリアデザイナーより上手にスケッチが描ける必要はありません。レストランのコンセプトという魅力を最大化するために、ディレクターは全体像を指示できることが大切になります。

　またもう一つの例としてスポーツなど勝負の世界を考えてみましょう。武術の師範、プロスポーツのコーチや監督は選手より技術や能力が高いのでしょうか。そんなはずはありません。ではなぜコーチという指導する立場にいるのでしょうか。それは選手の克服すべき課題を見つけ、長所の伸ばし方、短所の直し方などを的確にアドバイスすることで、結果を良い方向へ導くことができるからです。ここでも選手の全体像を見抜くことが大切だと分かります。

　これらの例と同様、デザインディレクターはデザイナーよりも製品ス

ケッチを上手に描ける必要はありません。製品開発において製品コンセプトという魅力を最大化するため、全体像が指示できることが大切であり求められていることです。

　しかしディレクターは絵が描ける必要が無いということではありません。デザインの方向性や評価を説明するための手段として言葉による説明と併せて、スケッチを描いてイメージを伝え、説明を補完する能力が高いに越したことがないのは間違いありません。

　このようなスキルの前に、デザインディレクターにもっと必要な資質があります。それは企画を絶対に成功させるという強い気持ちです。デザイナーをはじめステークホルダーに対して、プロジェクトへの真摯で強い思いが、たとえスケッチが上手くなくてもチームを機能させ仕事を成立させることを可能にするのです。

3-2. デザインディレクターに求められる覚悟

　デザインに対する責任の範囲はどうでしょうか。製品のデザインについての全責任はデザインディレクターにあると考えましょう。

　製品コンセプトが曖昧であった場合、それを引き継いだデザインも特徴点などがはっきりしなくなり、最終成果物であるデザインもユーザーに何を受け取って欲しいのか全く分からない曖昧な製品になってしまいます。

　またデザイン戦略や計画に沿わないデザイナーをアサインすればイメージ通りにデザインはあがりません。

　さらにデザイナーから良いアイデアが提案されないなど、デザインのクオリティが上がらない場合であっても、結果の責任はデザインディレクターにあることは覚悟しましょう。

　これらを踏まえデザインディレクターは、日頃からさまざまな製品を見てデザインを言葉にする練習を行い、自分が良いと思うデザインや、デザインのアイデアを集めるなど、日々の勉強を怠らずに自らを鍛えていきましょう。

　覚悟はこれらたくさんのモノゴトを日々見て考えた総量が作るといっても過言ではありません。デザインディレクターの覚悟はデザイナーやスタッフに伝搬し、チームワークを生みますから非常に大切です。

第3章

デザインの構造

1. デザインが生み出すアピアランス

　最近はデザイン思考という言葉をよく聞くようになりました。また、DX*による製品の周知やナラティブ*発信は販促として効果的な手段です。本書はプロダクトのデザインをいかにディレクションするかを著しますので、ユーザーへ届けられる情報は製品の**アピアランス・デザイン**からのみ与えられるという考えに基づき記します。

　美辞麗句で飾られた製品は、実際よりも良いものに感じることがあります。しかし製品の販売促進時などにつけられるそれらの言葉は、ユーザーが製品を使うときには記憶から消え、製品そのもののアピアランスだけが製品の存在意義を表すメディアとなります。

　例えば、購入したときの決め手となったセールストークがどのようなものであったか忘れるほど時を経ていたり、日常的に使用していない製品を購入後しばらくしてから再び使用しようとした際など、それらをどのように使い、どのように使ってはいけないか、製品自らが発信するべきです。同様に付加機能を使おうとした際、手元に取扱説明書が無くても、それまで使った主たる機能の使い方の延長線上で使うことができるなど、製品にはデザインを見ただけで使い勝手を伝えるアピアランスが求められます（図3-1-1）。

＊DX
（デジタルトランスフォーメーション）IT技術を用いて人々の生活をより良いものに変革すること。ここでは特にビックデータの活用やデジタル技術の革新によってコミュニケーションデザインの提供価値を変革することを指します。

＊ナラティブ
「ストーリー」と同様に物語りという意味です。ストーリーが客観的な視点で描いた物語であるのに対し、ナラティブは主人公からの視点で描かれた物語を表します。この視点の違いをマーケティングに応用し、品質や機能などにおいてコンペチタとの差別化の説明が難しい際、ユーザーの視点を想像して製品の魅力を語るナラティブの考え方を用いた発信が注目されています。

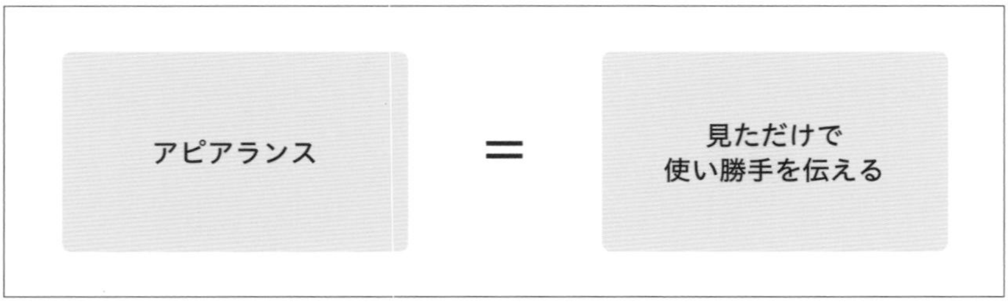

アピアランス	＝	見ただけで使い勝手を伝える

図3-1-1
アピアランスとは

2. デザインに求められる 必要条件と十分条件

2-1. 必要条件

　製品にはユーザーが求める要望に階層があります。図3-2-1を見てください。

　まずは製品が持つ機能が使えるという「**ユーティリティ**」を満足させる要求が最下層にきます。主に百円均一ショップなどで扱われる製品に多く求められる要求です。私が経験したなかで最も酷かった製品は、友人が百円均一ショップで買ってきたマイナスドライバーで、ネジを締めようとトルク＊を掛けた瞬間、ドライバーの先端が曲がり壊れてしまったというものです。ユーザーを想定し何らかのソリューションを提供するものが製品ですから、一度も使えずゴミになってしまった地球の資源を無駄にするひどい製品であり、論外です。

＊トルク
物体を回転させる力

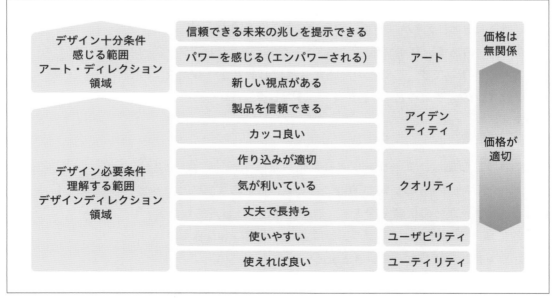

図3-2-1

次に普通の強度を持ち長持ちすることを目的として手に入れる製品。製造者などわからなくてもプリミティブ*なツールで、普通のデファクトスタンダードとなっている製品に多く見られる領域です。そしてユーザーが製品を使いやすいと認知できるレベルを獲得する。ここまでがユーザーが製品に求める「**ユーザビリティ**」です。

＊プリミティブ
原始的な、素朴な。

　その上段へ進むと、丈夫で長持ちする品質に加えて、ちょっとした工夫がなされた商品として収納時に形態が変わることで小さくなったり、様々なアイデアにより使い勝手をサポートする機能が付属したりと、広い意味でユーティリティにアドバンテージを持つようなアイデア商品が求められます。

　さらに進むと製品としての機能や性能といったユーティリティに加えて、使い勝手や作り込みにより**クオリティ**が作り込まれ、それを表す**アイデンティティ**を確立するブランディングによって、グローバルに展開される商品の領域となります。一般的にはこのクラスの製品がデザインとコストのバランスが最も優れた製品ということになります。
　例えばフォルクスワーゲン社の小型車は世界の自動車業界のベンチマークと言われ、サイズ・重量などのパッケージングから、安全性、操縦安定性、経済性などあらゆる機能・性能がデファクトスタンダードになっていると言われています。決してプレミアムな製品ではありませんが、機能とクオリティがユーザーの要望を的確に捉えていて、かつオリジナリティのあるデザインを持っていることがデファクトスタンダードと言われる所以です。これらの範囲が製品に必要とされる領域であり、デザインの必要条件となり、デザインディレクションを行う領域になります。

　このように製品は、ユーザーによる製品のユーザビリティ、クオリティ、アイデンティティの認知が明確に行われ、肯定的な認識となったとき、ユーザーからの信頼を得ます。この信頼という肯定的な認識が経時的に積み上がることで、ブランドはさらに強固になり多くのユーザーから支持を得て広がっていきます。

2-2. 十分条件

　更にその上層の新たな視点として、今までにない価値を提案する領域が**アート領域**であり、**アートディレクション領域**になります。デザインとはユーザーの求める条件と、機能などと同列に美的造形性を作り出す作業ですから、アートとしての役目を付与することも可能です。

　このアート領域に入ったデザインが人に強い影響を与え、未来の兆しの一翼を担います。機能や性能などの飛躍的な向上によるイノベーションとは異なる、新しい視点の提供になります。アート領域へ入るためには、この新たな視点に運動というパワーを与えることで強い影響を与えるアートになり得ます。

　新たな視点からユーザーが新しいパワーとして方向性と加速度というベクトルを認識することで、ユーザーは製品からパワーを受け取ります。こうしてエンパワーされることでそのユーザーはブランドの強固なファンとなります。デザインが持つ最高次の目標は、製品から発せられる新たな兆しによって、ユーザーが自らの洞察力だけでは知ることのできない未来を提供し、ユーザーに今後使っていく製品としてふさわしいという信頼を獲得することです。
デザインの十分条件として製品に込めたいポイントは図3-2-1で表した上位三項目です。

- 新しい視点を持っていること
- パワーとしてベクトル（方向性と加速度）を持っていること
- 信頼できる未来の兆しを提示していること

　デザインを「製品に求められる条件と、製品の材質と機能と同列に美的造形性において検討し調整してすり合わせる造形計画」と定義しましたから、デザインの理想は、この造形計画の中にデザインの必要条件と十分条件の全ての概念が盛り込まれ、製品が自らの佇まいや動作状況によってユーザーにパワーを与えられることです。

　ユーザーが認知するこれら上位三項目までをアピアランスを通して評価するのがデザインのアート領域のディレクションになります。

3. デザインのコンテクスト

3-1. デザインのコンテクストとは

「コンテクスト」とは広辞苑によると「コンテクスト【context】文章の前後の脈絡。文脈。コンテキスト。」とあります。

このように本来は文章の前後関係という意味ですが、何事にも過去・現在・未来があり、その過去から現在までの流れをここではコンテクストと呼びます。

どのような製品でもデザインを行う際には、過去から現在の流れを知り、延長線上での未来をまずは押さえます。

製品にはBI*に従った文脈があります。BIの文脈とは、ブランドのあるべき姿を示すブランド理念を明確に定義してブランドに時間軸を与えることです。

そして製品の絶え間ない投入というマーケティング戦略によるコンテンツの連続性によってコンテクストは作られます。

このように作られたブランドのコンテクストはブランドイメージを戦略的に刷新すべくBIの根幹であるブランドのミッションを意図的に変更することはありますが、意識せずにミッションを外れてはいけません。しっかりとしたブランディングがされているブランドでは、無意識にBIを変更してしまうことは起き得ませんが、未成熟なブランドの黎明期には起こりやすい間違いですから注意が必要です。

BIが「革新」を最優先事項としている場合では、革新的なデザインをBIとして市場に出し続けることが文脈を守り続けることとなりますから、キープコンセプトだけがコンテクストを守るということにはならないので注意してください。

*BI
（ブランドアイデンティティ）
自社のブランドに「ユーザーから見てこうなって欲しい」という願いを明確にまとめたもの。

3-2. MAYA理論とは

　次にデザインのコンテクストの進化具合について考えます。

　19世紀後半、アメリカで活躍したフランス人デザイナーのレイモンド・ローウィーが「Most Advanced Yet Acceptable.：先進的ではあるが、ぎりぎり受け入れられる」というMAYA理論を提唱しました。これはデザインを生業とする者が今も守ろうとしている大事な考え方です。

　これはデザインのコンテクストを無視して急進的にデザインを進ませすぎるとユーザーはついて来られなくなるということを表しています。理論的にいくら優れた考え方であっても、形態が既存のデファクト製品とかけ離れ、大きく変更された製品はユーザーに受容してもらうことが難しくなるのです。

　ですからデザイナーには製品コンセプトの概念を内包しつつ「先進的ではあるがユーザーがギリギリ受け入れられる」MAYA理論の範囲を必ず意識してクリエイションをしてもらうことを理想とします。

MAYA理論の例：デジタルカメラの変遷

　企画意図を明確にしたいという一念から、一般的なデファクトとなっている形態からあまりにも特殊な形態へデザインを変化させたことで、ユーザーが製品の機能が分からなくなった例としてデジタルカメラがあります。1990年代に入りアナログからデジタルへ情報機器が移行し始めると、それまでデザインを制限していた化学変化を利用したフィルムがデジタル素子に置き換わることで、カメラの構造パッケージの大幅な革新が可能となり、デファクトスタンダードを決める覇権争いが勃発しました。パッケージの自由度が拡大し、様々な新しい形態の製品が発売されました。中にはどうやって使うのかわからない製品も発売され賛否両論を生み、使い心地はどうなのかワクワクしながら、それら新しいデザインのデジタルカメラを購入した時代でした。当時びっくりするような面白かった機構は淘汰され、品質やコストからフィルムカメラとそれほど変わらない形態に収斂され現在のデファクトとなるデザインに落ち着きました。

4. デザインの要素と原理

4-1. デザインテンションとは

　今日のデザイン教育ではあまり語られませんが、デザインを理解する上でとても分かりやすい概念がバウハウスで考えられていました。

　バウハウス【Bauhaus】は広辞苑では「ドイツの総合造形学校。1919年グロピウスらがワイマールに開設し、1925年にベルリンとの中間にあるデッサウに移る。近代建築運動の一つがここから始まり、絵画・彫刻・デザインにも大きな影響を与えた。1933年、ナチスの圧迫により最終的に解散。」とあります。
その教育内容を「デザイン教育方法の基礎的な提案」として1964年に出版された『バウハウス・システムによるデザイン教育入門』(武井勝雄著、造形社刊)が紹介しています。

　この本はデザイン教育の入門書として記された本で、義務教育の美術教育が情操教育*や創造性の育成という側面から、デザイン教育へ踏み込むことを期待している旨が記されている、とても興味深い本です。

　このデザイン教育のなかで、現在のデザインではあまり語られない「シュパンヌンク」という言葉が使われています。これはドイツ語の【Spennung】で「緊張」とか「引っ張る」といった意味で、英語では「テンション」に相当し、デザインの根幹をなす概念を表すと紹介されています。このシュパンヌンクには、視覚表現であるデザインのみならず、他の五感、例えば聴覚を使った音楽、味覚を刺激する食事、嗅覚、触覚と人が持つ感覚器が刺激されるところには、必ずシュパンヌンクは存在するとしています (表3-4-1)。

　これら五感を「計画的かつ恣意的に刺激することを計画し準備する」ことをデザインと呼び、刺激される「要素 Element」と刺激する「原理 Principle」があるとします。

＊情操教育
創造的・批判的な心情、積極的・自主的な態度、豊かな感受性と自己表現の能力を育てることを目的とする教育です。知性・道徳性・美的感覚・共感性などの調和的な発展をねらいとします。

感覚器	視覚	聴覚	味覚	嗅覚	触覚
バランス	○	○	○	○	○
プロポーション	○	○	○	○	○
リズム	○	○	○	○	○
エンファシス	○	○	○	○	○
ハーモニー	○	○	○	○	○

表3-4-1
テンション（シュパンヌンク）
一覧表

4-2. デザインの要素と原理

　前述の書では要素は人間が持つ五感のどこが刺激されたによって異なりますが、視覚表現を計画的に配置するデザインにおいては「線・形・色彩・テクスチャー・空間」の五つが主たる要素となり、これに「調子・塊（かたまり）」を加え七つの場合もあるとしています。本書では主たる対象物がプロダクトですので、線と形を形態として表記し、色彩をカラー、テクスチャーを質感として、空間は主に構造物をデザインする際の要素ですので、まとめて「形態Form・カラーColor・質感Material」の3つを要素としました。

　シュパンヌンクにはヒエラルキーがあり、シンメトリーで静的な表現はシュパンヌンクが低く、アンシンメトリーで自由形状が用いられる動的な表現はシュパンヌンクが高いという表現になります。

　デザインの要素である線や形は、数学や製図で扱う場合と異なり、線の太さや角度、表現する材料によって捉え方が変わり、これらの色彩を含めて美的造形性を扱うことをデザインとしています。

　デザインの要素はそれ自体では、まとまりのないパワーのないものですが、これらを統一しパワーのあるデザインされたモノとするために、要素を選択し配置し、結合を決定することがデザインとなります。そのデザインの方法を分割するとデザインの原理となり、プロポーションProportion・バランスBalance・リズムRhythm・エンファシスEmphasis・ハーモニーHarmonyの五つがあります（図3-4-1）。

デザイン（Design）＝デザイン要素（Element）× デザイン原理（Law）

デザイン3要素

Form
Color
Material

どの部分で

×

デザイン5原理

Proportion
Balance
Rhythm
Emphasis
Harmony

製品コンセプトを
どのように表現するか

図3-4-1

4-3. デザイン5原理

プロポーション

　日本語では比例とも比率ともいわれ、モノの一部分が全体に対して相互に気持ちよく感じられる関係を指します。テーブルの天板の縦横比や天板と高さの関係などで、単に美感だけでなく、実用性や機能性からの要求も併せ持ちます。プロポーションとしては黄金比（1:1.61）が有名です。

バランス

　バランスは重力による物理現象から生じています。赤ちゃんの頃から老人になるまで、生涯にわたり生活のなかで随意筋と不随意筋を動かし人は物理的なバランスを得て暮らしています。このバランス感覚がデザインの原理として作用します。
　視覚におけるバランスはシンメトリーのバランスと不規則な中でのバランスに分かれます。

リズム

　リズムは本来、音楽やダンスの基本原理で、運動や時間に関係して流動的なものです。自然界には生物の動作、呼吸、脈拍、歩行、疾走、叫び、鳴き方にリズムがあります。

　視覚的には時間と運動は無関係ですが、線や形を見て活動的なリズムを感じることができます。リズムの最も簡単なものは同じ形を等間隔で繰り返すことです。これを発展させデザイン要素を選択、結合、配置などによってリズムを表現することができます。

エンファシス（強調）

　エンファシスとは形、色彩、テクスチャーを特に目立たせて目を引くようにすることです。主題を大きくする。太くする。背景とのコントラストを高くするなどしてハッキリと目立たせることです。

ハーモニー

　ハーモニーとはリズムと同じ音楽的術語で、異なった楽器の音や歌声がひとつにまとめ、美しい音として聞かせることで音楽になります。

　バランス・プロポーション・リズム・エンファシス（四項）はハーモニーによって調整されひとつに整えられます。言い方を変えれば、前述の四項はハーモニーを成り立たせるための個々の要素ともなります。

デザイン原理の相互作用

　これらの原理は前述の要素すべてに当てはまり、かつ**相互作用**があります。つまりデザインには、形態とカラーと質感にそれぞれバランス・プロポーション・リズム・エンファシス・ハーモニーがあり、これらが掛け合わさることで相互作用を生み出します。

デザインと作曲の比較

　ここでは製品のデザインを考えるために同じコンテンツを作る行為として作曲との比較をしたいと思います。

　作曲とは音楽を作ることです。音楽の素は音です。この音は音色×音の大きさ×音程から成り立ちます。この音がメロディ×リズム×ハーモニーを使って配列されたものが音楽であり、メロディ、リズム、ハーモニーが音楽の3原理と言われます。

　対してデザインの素は面です。面とは限定された範囲の大きさを持つ連続体を想像してください。ハードウエアであればこの面が平面になっていて折ったり、切ったり、穴を開けたり、曲げたりすることで製品がデザインされます。インタラクション*であれば表示面という面が地となり、その上に展開される柄が表示内容になります。

　この面は形態、カラー、質感という要素で構成されています。この要素が製品の場合は前述の5つの原理、プロポーション、バランス、リズム、エンファシス、ハーモニー、を使い美的造形性を検討し、製品に求めら

れる条件と製品の機能や性能を調整してすり合わせた造形計画を行うことがデザインです。

　音楽ではメロディが音にメッセージを与え、リズムがノリを作り出し、ハーモニーが雰囲気を作るとされています。同じように製品も主に、プロポーションが製品の骨格を定め、バランスで安定感を制御し、リズムで活動性を表現し、エンファシスを用いて特徴付けることでメッセージを発現し、ハーモニーで製品全体の調和を図ります。

　音楽＝要素×原理であり、デザインの場合も同様に、デザイン＝要素×原理となります。

＊インタラクション
二つの（あるいはそれ以上の）要素が、一方的な関係ではなく、互いに影響を及ぼし合ったり、相手の働きかけに応答したりすること（また、そのような双方のやり取りや掛け合い）。ITの分野では、人間（利用者）によるコンピュータやソフトウェアへの働きかけ（操作など）と、対になる応答（表示の変化など）の組み合わせ、および、その連続や反復のことをインタラクションということが多いです。

5. デザイン原理の使い方

『デザイン教育入門』にはデザインの原理について面白い記述があります。

以下引用です。「このデザインの原理は伝統的なアカデミックな美学にもデザインの原則として一般的に知られているが、教育上の抽象的な言葉で教えるべきでない。なぜなら原理は人間の行為を後から理論にした抽象的なものあり、原理からデザインは生まれない。つまり原理からデザインを学習できないため、学ぶ側には不用（以下略）」としています。しかしデザイン教育を行う教師の立場では知っておくべきであると記しています。

まさしくデザイナーでないビジネスパーソンがデザインディレクターとしてデザインを考える際に非常に便利な考え方がシュパンヌンクです。デザインを依頼するとき、デザインについて議論するとき、出来上がったデザインにコメントするとき、このデザインの要素とデザインの原理を理解して活用することで、説明が非常に分かりやすくなります。

ただしこのシュパンヌンクという言葉、現在はデザインを教えている先生の一部の方は使っているようですが、一緒に現場で働いている美大やデザイン学科を卒業した人たちに聞くと、ほとんど知られていない言葉のようです。「シュパンヌンクを知っていますか」と尋ねると「それはなんですか」と言われ、一から説明を始める必要があります。

ですから私はデザインを説明する際に「シュパンヌンク」を用いると、予備知識としてバウハウスの話から説明することに時間を取られ、本題のデザイン議論に入れないので、同じ意味の英語「**テンション（Tension）**」という用語を用いて話をします。

このテンションはデザイナーのほとんどが、全く違和感なく説明を理解してくれますし、説明が非常に分かりやすいと言われるとても便利な表現方法です。

カラー認識

　ブランドのディレクターとして、「肌とコーディネートを楽しむ」をコンセプトにした、スキントーンを12段階で表現した化粧品のファンデーションのようなウォッチを開発していたときの話です。無事に企画、デザイン開発、製造準備と進み、あとはメーカー納品から自社の品質管理部門の検収というところまで来た時、現場から悲鳴があがりました。それは「どの色がどの名前のウォッチなのか区別がつかない」と言う予想外のものでした。もちろん色見本はありましたが、あまりにも色相差の小さな12段階のベージュだったため、検査員によって合否がばらついてしまい、事態に現場が困惑してしまったようです。

　話を聞いてみると、女性はこの12色を明確に見分けられる人が多く、正しく見分けられない人の多くは男性でした。最終的に12色の見分けが付く人を検査員の条件にしたところ、全て女性が担当するという結果になりました。確認したところ、製造メーカーにおいても女性でないと見分けがつかないという混乱もあったようです。幸い製品のターゲットが女性という企画だったため、販促も計画どおり行い、予定通り販売することができました。

　それまでの経験においても、色覚には個人差が大きいことは感じていましたが、女性の方が色認知の解像度が高いということを痛感した一件でした。

　もちろん男性の中にも女性同様に色認知の高い人はいます。しかし色にかかわらず人の認知はさまざまであることを理解し、スタッフから思わぬ質問があった場合など、自分の思い込みでデザインディレクションを進めず、立ち止まって確認をすることが大切です。

第 4 章

プロジェクトのプロセス

1. プロジェクトにおける4つのプロセス

　モノづくりのプロジェクトを始める際にまず考えなければならないのは、どのような道筋で仕事を進めるかという手順です。どこから手をつけるか分からなければ一歩も前に進めません。本章ではこのプロジェクトのプロセスについて説明します。

　まずは仕事の手順を考える上で言葉の定義を明確にします。プロジェクトとは「何らかの目的で事業を実行するひとかたまりの仕事」とします。ビジネスパーソンであるあなたが、売上を上げて利益を出すための「3ヵ年プロジェクト」だったり「看板製品の利益向上プロジェクト」などを指します。

　「2」の図4-2-1は製品開発に必要な4つのプロセスです。この4つのプロセスはデザインに関する話だけでなく、新しい製品の開発検討をする時は、順番は違っても欠かすことのできないプロセスです。しかし同じ会社で何年も企画を担当していると「なぜこのプロジェクトが存在するのか？」という本来はとても大切なプロジェクトの起点を忘れてしまい、流れ作業的に企画を立ち上げ、推進してしまっていることがあります。プロジェクトの存在そのものを明確にするためにも「仕事のプロセス」はとても大切ですので、確認するだけになっても構いませんからプロセスを飛ばすことなく、必ず確認していきましょう。

　プロセスとは大枠で捉えると以下のようになります。

1-1. 準備プロセス

　ひとかたまりの仕事であるプロジェクトは、ビジネスとして何をしようかという中期的な問いを受けて準備プロセスに入り、プロジェクトへの所与の条件と求められる結果を広く深く考え、何ができるかという可能性について仮説を立て検証して、実際にプロジェクトで実行する内容を決定します。その内容が製品開発と決定すると、開発製品に

求められるプロジェクト条件を決めていきます。ここでプロジェクトにおいて開発する製品コンセプトを検討し決定した後、デザインに求められる情報をデザイン条件としてまとめていきます。

　この一連のプロジェクトの存在証明を行い、プロジェクト条件・製品コンセプト・デザイン条件を決めるプロセスを「準備プロセス」とします。

1-2. デザイン開発プロセス

　準備プロセスを経て「デザイン開発プロセス」に進みます。ここではデザイナーの選定を行い、準備プロセスで用意したプロジェクト条件・製品コンセプト・デザイン条件を用いてデザイン開発の依頼を行います。デザイナーは受け取った条件のなかで、できる限り発想を広く発散させデザイン案を生み出します。このプロセスはデザイナーにアイデアスケッチを描いてもらうまでのプロセスです。

1-3. デザイン評価プロセス

　そして「デザイン評価プロセス」です。ここではデザイナーが考えたアイデアスケッチを起点として、デザイナーへインプットしたプロジェクト条件・製品コンセプト・デザイン条件に照らし合わせ、プロジェクトで求めているデザインアイデアを選別します。その選別したアイデアスケッチをもとに、デザイナーに詳細な完成予想図の制作を行ってもらい、デザイン評価を行った上でデザインの最終案まで絞り込み、変更と修正を繰り返し、デザイン決定を行います。

1-4. 事業化プロセス

　最後の「事業化プロセス」は、開発した製品を事業として展開するために市場に出す準備と、事業の立ち上げ推進に協力するまでを言います。ここに次のプロジェクトに向けたフィードバックも含めます。

2. プロセスにおいて重要な点

　本書で最も伝えたいことが三つあります。まず一つとして、製品開発を始める前に「製品を開発する」ことが「プロジェクトに対する最適な解」であることを、あらゆる立場の担当者に納得してもらう工程の大切さです。つまりプロジェクトの存在証明を行い、プロジェクトが欲している内容を整理することです。

　二つ目はデザインを依頼する際の条件を的確にまとめ、ステークホルダーのコンセンサスを得てデザインを依頼することです。

　そして三つ目はデザインディレクションを合理的、かつ効率的に行うために、製品コンセプトを論拠として明確にした評価方法に基づき、デザインの総合判断を行うことで、デザインにアカウンタビリティを持たせることです。

　図4-2-1は製品づくりを実施するプロジェクトの工程です。

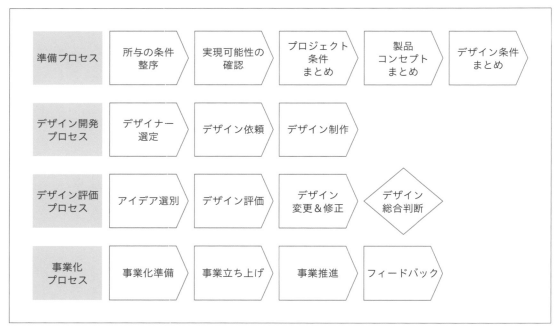

図4-2-1

第5章

プロジェクト条件

1. プロジェクト条件に必要な情報整理

　この章では「準備プロセス」の前半、「プロジェクト条件をまとめる」までを扱います。最初に、プロジェクト条件をまとめるにあたって必要な情報整理や、考えておくべきことを解説します。

1-1. 現状を詳細に深く把握する

　デザインディレクターはプロジェクトが始まると様々な判断を下すことになります。判断が必要となった時、指針となる評価方法や基準値を都度考えるのでは、一貫した判断ができなくなります。また時間がかかってしまいビジネスチャンスを逸してしまう危険性があります。

　私も精密機器のリーディングカンパニーでディレクションを行っていたころは、商品開発のステップや方法、品質基準など、既に製品開発プロジェクトに求められる評価方法が詳細に整理されていたため、ある時期まで何の疑いも持たずにそれらに基づいて商品開発を行っていました。しかしそれまで使ったことのない要素を使い、新しい機能を搭載するとき、以前の評価方法が役に立たなくなりました。

　その時は課題に直面し、判断を迫られてからユーザーの使い方を整理し直し、評価方法や評価基準の新設や変更を行ったため、社内外のステークホルダーからコンセンサスを取ることにも時間を取られ、結果として開発そのものに時間がかかることになりました。

　新規課題を含むプロジェクトを開始する際に、予測し得るあらゆる判断を事前に準備しておくことは不可能で、プロジェクトを進めるなかで考えていくことの方が多いかもしれません。

　しかし、当たり前のように思っている仕事のやり方や慣習にしたがって行う製品開発に、イノベーションは決して起きません。製品アイデアと同様に、開発に対する考え方もイノベーティブにしなければい

けません。そのためにプロジェクトに必要となる思考のベース部分は、できるだけしっかりと事前に用意しておくべきです。

1-2. 明確にしておきたいスタンス

　製品とは企業が社会に対して発信する最も明確な意思表示です。企業理念でどんなに素晴らしいことを表明していても製品がユーザーの期待値を下回れば、その企業はユーザーからの信頼を失い、悪い印象だけが残ります。

　このようなことにならないために、最低限の事前準備として「現状はどのような状況にあり・どこに立ち位置があり・どこに軸足を置き・どちらを指向しているか」という「スタンス」を相互の関係性を含め以下三項目で考えて整理しておきましょう。

- 「自社と自身」
- 「社会の現状と影響」
- 「生み出す製品」

1-3.「自社と自身」のスタンス

　明確にしておきたいこととして、自社と自身（ビジネスパーソンで企画者でありデザインディレクターであるあなた）のスタンスがあります。

　まず自社のスタンスです。このスタンスは所属している企業の従業員が行動や判断をする際の土台となる考え方です。この土台がしっかりしていれば、様々な課題に直面した際のコンセンサスは自ずと決まり、自信を持って素早く判断できますが、土台がグラグラしていれば課題に対してコンセンサスは取れず、判断に一貫性がなくなってくるでしょう。この問いに対する答えの積み重ねが、製品に対する考え方

や開発姿勢としてステークホルダーを巻き込み製品のポリシーとなり、ゆくゆくは企業理念や企業の使命の解釈として中長期戦略の指向となって、以降に生み出される製品に大きな影響を与えます。

　この自社のスタンスは、企業の存在理由であるミッションや、企業の立ち位置を明確にすると共に、それらの優先順位も考える必要があります。また今後の指向性やプロジェクトを判定していく評価方法は、長年に渡るユーザーとの対話のなかから蓄積された定量的・定性的データや、自社での成功体験や失敗体験から生まれる得手不得手などで構成されています。

　ここに企業戦略・事業戦略・デザイン戦略も入ります。企業戦略は企業の中長期的な方針や計画を指します。事業戦略とは複数事業をもつ企業での事業ごとの戦略ですが、一つの事業を専業として行っている企業であれば企業戦略と同じになります。そしてデザイン戦略は製品のアピアランスを通してユーザーに訴求したい中長期的な方針や計画です。

　このスタンス（各戦略）は企業のなかではっきりしているようで明確でない場合が多いと思います。CIやBIを明文化し、企業スタンスを社内外に提示している企業もありますし、提示していない企業もあると思います。この企業スタンスは普遍的かつ絶対的なモノではないので、全く定着していない企業もあれば、企業風土にまで深く染み込んでいる企業もあります。

　企業スタンスを明文化していない企業の場合、公式見解をコンセンサスとしてまとめることは非常に難しく、困難を極めると思います。それは異なる機能を持つ組織の集合体が企業ですから、それぞれ逆の立場を主張する組織も存在し、本音と建前が相反することがあるからです。

　反対に企業風土になってしまっているスタンスを変更することは大変です。私もこの企業のスタンスを打ち破ることに何度かチャレンジしましたが、成功率は五分五分といったところで、最も難しい仕事の一つだと思います。何度も挑戦しては跳ね返された経験をしてきましたが、スタンスを打ち破る因子が少しでも入ったプロジェクトが成功することで、少しずつですが企業の風土は確実に変えることができま

す。最初から無理だと諦めずに粘り強く挑戦し続けることが大切です。

　あなたが経営者であれば、あなたのスタンスと自社のスタンスを一致させることが比較的容易になりますが、企業で働くビジネスパーソンであれば、企業のスタンスを整序することと併せて、自身のスタンスも企業のスタンスと整合性が取れるよう整序する必要があります。
　自身のスタンスと自社のスタンスとの間には差が生まれます。自身が作りたいと考えている製品が、自社で作るべき製品と100%合致することはありません。このような場合では仕事だから仕方ないと諦めた気分でプロジェクトに臨んでも面白くありませんし、パフォーマンスが下がってしまいます。自分なりのテーマを決めてデザインディレクションに勤しんでください。
　この個人と企業のスタンスの違いは製品開発のどのプロセスでも発生します。どんなプロジェクトでもデザインディレクションの練習になりますから、事前に自身のスタンスを整理して、いかに企業のスタンスと整合性を取るか熟考することが大切です。

　プロジェクトを成功させるために、前述の企業のスタンスがまとまるまで、プロジェクトが前に進まなくなるということがあってはいけません。そのため自社のスタンスが曖昧なことを認めながら、当該プロジェクトだけに適用する「プロジェクト限定のスタンス」を取りまとめましょう。
　逆の見方をすれば、ほとんどのプロジェクトがプロジェクト限定のスタンスでしか運用されていないとも言えます。
　また将来を見越し、事業の多角化や先鋭化など、現行のCIやBIの刷新の試金石となるプロジェクトなども、この限定したスタンスと考えられますし、経営層から早期の売上重視が求められ、CIやBIから若干の逸脱はあるものの、とにかくスピード優先で進めるという時限的な緊急プロジェクトも考えられます。

1-4.「社会の現状と影響」に対するスタンス

　この前述の企業スタンスはあなたの企業と、企業を取り巻く社会と環境が、どのような関係性で存在しているかが関連しています。地域や国家など社会の現状と目指す指向性から、企業や業界の生い立ちからくる既成概念となっている商習慣など、自身が属する社会の標準的なスタンスに誰もが縛られています。これは内部にいると自身では分からなくなることがあります。

　現在の社会の現状はパンデミックや異常気象など、今後の社会がどこへ着地するのか更に分かりづらくなっていますし、環境破壊に対する考え方のレベルもさまざまです。

　このような中でも自身が属している企業は慣習によって考え方にバイアスが掛かっていないかを検証しましょう。

1-5.「製品」のスタンス

　これはデザインディレクションで生み出す成果物そのものです。生み出そうとしている製品そのものが、長い目で見たときに、製品そのもののライフサイクル（黎明期・成長期・円熟期）のどこにあたるか、自社の使命や目標、売上や利益の規模、開発に割けるリソースの多寡など、さまざまな条件によってスタンスは異なります。同じ業界のすべての製品がみんな同様のスタンスに立っているわけではなく、全て異なります。

　このように異なる製品のスタンスをプロジェクトにおいて方向づけするのがデザインディレクターですから、ステークホルダーを説得できるように、誰よりも広く深く考えることが大切です。

2. 企業・製品・社会のスタンスと相互作用

　デザインディレクターであるあなたとあなたが所属している企業。そこで作られる製品。その製品を生み出し消費していく社会。これら三項目の間には相互作用が生まれます。企業（デザインディレクター）×製品×社会の関係性を以下の図5-2-1に掲げました。これらの相互作用にどのようなスタンスで向き合っているか、その優先順位はどのように置いているかという問いも、自分なりに整序していきましょう。

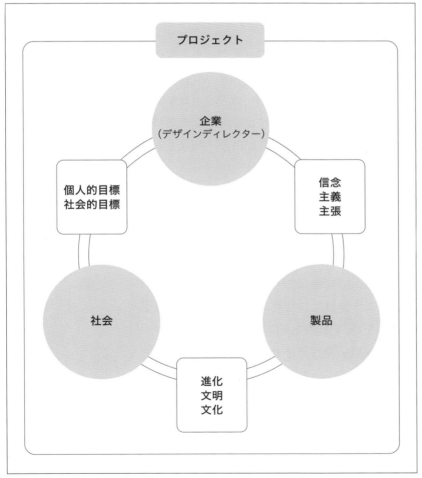

図5-2-1

2-1. 企業（デザインディレクター）×製品

　ここから生まれる問いは、企業の製品づくりに対する信念、製品に盛り込まれる主張、そして評価方法のもとになる主義が考えられます。製品は、市場で流通している間に企業（デザインディレクター）が発信した当初の意図を離れて独り歩きを始めます。この独り歩きは、企業の指向性に即して広がっていくことが望ましいですが、ややもすると考えもしなかったズレを起こし、独り歩きしてしまうこともあります。製品に込めた思いをあらゆる視点から確認し、誤解を与えることがないように細心の注意を払うことが求められます。

2-2. 製品 × 社会

　ここから生まれる問いは、生活の進化とそのスピード、また文明や文化の発展への寄与度です。製品がどの業界で、どのような立ち位置で新製品が市場に出されたか、製品が提案するソリューションが業界を牽引する役割を果たしたか、業界に一石を投じる新たな価値を提案したのか、それとも異端児として無視される立場なのか、製品を通して社会にどんな提案をしたかという問いになります。

2-3. 社会 × 企業（デザインディレクター）

　ここから生まれる問いは、自社は社会に対してどんな関係でありたいか、という問いです。どのような貢献を社会にできるかという社会的目標や、社会を製品を作るための資源や人材を調達するリソースとして捉えた場合にどのような課題を受け取るかという関係です。ここでは自然も社会に含んで考えますから、SDGsなどサステナブルをどう捉えるかといった課題も含まれます。

次にプロジェクトを推進する企画者であるあなたの個人的なスタンスです。ここではプロジェクトの成否が自身にどのような影響がでるか、スタッフに発表する必要はありませんので、建前だけの検討ではなく自身の本音についても個人的目標として検討し整理しておきます。

　私自身も数々の製品を作るなかで、プロジェクトメンバーから企業・社会・製品とその相互関係について思いもよらない質問を受けた際、明確な答えを用意しておらず、メンバーに不安を感じさせてしまった経験があります。

　このような反省から企業・製品・社会のそれぞれのスタンスとこれらの相互関係について、プロジェクトを開始する前に考え、自分なりの答えを用意しておくようにしました。これによって一貫性を持って様々な判断を素早くできるようになり、自分の悩みも随分と軽くなったと思います。なによりプロジェクトメンバーが余計なことで悩むことを減らし、プロジェクトに専念してもらう環境を与えることが重要です。

　デザインディレクターは納得のいく良い製品を市場に出すために、このように製品開発についての関係性を考えることが大切です。

3. 所与の条件の整序

　ここでは具体的にプロジェクト条件をまとめるプロセスを見ていきます。

　プロジェクト条件をまとめるプロセスは図5-3-1となります。

　それぞれについて、順次解説していきます。まず最初の「所与の条件の整序」を解説します。

図5-3-1　プロジェクトの条件をまとめるプロセス

3-1. 企業における所与の条件とは

　企業から与えられる条件とは、自社から調達できるリソースと、勝ち残るために利用してきた業界の独自のルールや慣例・考え方などを含みます。

　これらの情報を整理整頓して必要性に優先順位をつけておきます。そして優先順位の高い順にリソースが十分なのか不十分なのかを検討し、必要不可欠で足りないリソースなどの条件があれば、プロジェクトで必要となる時期に必要な量を調達できるように整理し、調整しておきます。

　これも、「1-3　自社と自身のスタンス」を問い直すことと同様、プロジェクトにおける判断を素早く、かつブレを最小にするために必要なプロセスです。

　この情報の整序は、自社の考え方がどのように生まれて既成概念化したのか、どのように進化してきたのか確認するプロセスを含み、既成概念という思い込みを見直すきっかけを作る意味で有効です。

3-2. プロジェクトに与えられるリソース

　「**リソース**」とは広辞苑によると「資産。資源」とあり、プロジェクトに用意される資源は、いわゆる「ヒト・モノ・カネ」です。

　リソースには製品の開発費としてスタッフの人件費や管理費を始め、プログラム実装などを外注する場合の費用や、量産する製品であれば材料費と加工費に加え、量産準備費としての金型代や設備投資費用とこれらの償却費、材料や製品を在庫するための倉庫管理費、販売するための管理費、営業経費さらにプロジェクトを閉じる際の廃棄コスト、など多岐に渡る費用が含まれ、これらを当初から資源として用意できるのか稼ぎながら回すのか、その際のキャッシュフローは滞らないのか、といったことをプロジェクト開始にあたり検討する必要があります。

　これらの検討によって「今回のプロジェクトでは製品を新規に開発するリソースはなく、既存の製品の販売強化キャンペーンを打つなどプロモーションを行うほうがコストパフォーマンスは良いと判断する」など進む方向は大きく変わります。プロジェクト途中でリソース切れによるプロジェクト中止や、プロジェクトの大幅縮小などが起きないよう、精度の高い検討が求められる重要なプロセスです。

　「どんな課題でもアイデアでなんとかできる」と思っている人ほど、この段階において少ないリソースでプロジェクトを始めてしまう傾向が見受けられます。私自身も若い頃は典型的なこのタイプで、どんな難問もアイデアで乗り切れるとタカを括り、プロジェクト途中でリソース切れを起こし困ったということがありました。インハウス＊当時は財務部門と調整することができましたが、投資家からの資金を集め製品開発を行った時にリソース切れを起こした際は、追加投資をお願いするために東奔西走することになってしまい、リソース検証はとても大事なことを痛感しました。

＊インハウス
企業や組織内部で行う内製化のこと。

3-3. 企業戦略における階層の整序

　自社が持つ戦略としてまず企業戦略があります。企業スタンスを社内外に提示している企業では、経営ビジョンを提示することを目的として明文化され、経営理念とドメインが提示されている場合が多いと思います。経営理念は経営の基本的な考え方や哲学を示していて、頻繁に変更するようなモノではないため、ルーティンで順調に仕事が回っている場合は希薄になってしまっていることが多いでしょう。

　企業戦略はこれら経営ビジョンのもと、経営資源をどのドメインに配分していくかを決めていく行為です。経営資源が潤沢で市場拡大が顕著な時期では、経営資源を多方面に配分するドメインの多角化が行われましたが、資本や労働力が活発に国境を超え、経済的な結びつきが強くなったグローバル経済下では、経営資源を取捨選択し事業を更に強くするため、投資を集中させて市場での存在感を高める戦略が多くなっています。

　先述の通りこれらの企業戦略としての全社戦略の下に、事業クラスター別の事業戦略があり、一方で機能ごとに戦略をまとめた機能別戦略があります。機能別戦略はデザイン戦略、マーケティング戦略、営業戦略、開発戦略、技術戦略、生産戦略、知財戦略、財務戦略、人事戦略など様々に細分化されます。

　これら戦略の中でデザインディレクターが確認しておきたい内容は多岐に渡りますが、理念・使命・ビジョンといった企業の根本を構成している思考部分が特に大事ですので整序しておきましょう。

3-4. 企業戦略とスローガン

　企業のスローガンは様々です。ランダムに企業のものを並べて見ると以下の通りです。（以下は各社ホームページより引用、2023年5月段階）

- au 「おもしろいほうの未来へ」
  https://www.au.com/?bid=we-we-gn-1001
- ヘーベルハウス 「ALL for LONGLIFE」
  https://www.asahi-kasei.co.jp/hebel/index.html/?link_id=globalnavi_logo
- ホンダ 「The Power of Dreams」
  https://www.honda.co.jp/?from=navi_header
- 日立 「Inspire the Next」
  https://www.hitachi.co.jp
- 三井物産 「その志で、世界を動かせ。」
  https://www.mitsui.com/jp/ja/

　これらはすべて未来に対しての企業の思いを、理念や使命またはビジョンとして明文化したものです。どこも言い方に工夫が見られますが、言いたいことは「明るい未来を作る」です。

　さらに企業では明文化はされていないものの、長いあいだに培われた風土のようなモノがあります。この詳細は「1　スタンスの整序」に記したとおり、企業と経営者そしてそこで働くビジネスパーソン、製品、社会、この三者が、どのような関係性にあり互いの相互作用がどのように働くかということに立ち返り考える必要があります。

　各社明るい未来を作るためのドメインや方法が少しずつ異なっています。このため各企業でこのようなスローガンを作るに至った理念・使命・ビジョンといった企業の根本を構成している思考部分から、必要不可欠な概念を洗い出し、構造化し優先順位をつけていきましょう。

3-5. 企業戦略と個人の信条とのズレ

　これらの検討の中で、この項に示した企業戦略を実現するために具現化を行っていく部分と、ビジネスパーソン個人の信条にズレを感じる部分が発生してしまうこともあると思います。

　このズレは周囲の関係者は当たり前と思っていることでも、個人の心情的には許容しづらい、という矛盾をはらんでしまうことがあります。

　例えば「石油由来の材料はSDGsの観点から、個人的には使いたくないので企業理念としても使わないようにしたい。しかしプロジェクトに与えられた条件下では、他の材料を使うと求められる経済条件を逸脱してしまうため使わざると得ない」といった場合です。

　これらのズレが発生した際に熟考して「今は仕方ないがプロジェクトごとに少しずつでも理想に近づけよう」のように自身の信条と折り合いをつけておくことは大切です。

　私自身はこのようなズレを、売上拡大が至上命題のプロジェクトにおいて、作りたくないと思った製品（ファッド*な製品）を開発したことで何度か経験しました。「なぜこんな製品を作るんだ」と憤慨しましたが、工場のラインを維持するためだからと自分を言い聞かせ、愚痴をこぼしながら仕事をこなしました。本来は「もっと良い代案」を提案すれば良かったのですが、思考停止して諦めてしまい気概不足だったようにも思います。理想的には全てのプロジェクトは社会に貢献できる企画であるべきです。しかし自身の体調を崩すほど悩むことにならないよう、折り合いを付けることは考えておいた方が安全です。

＊ファッド
一時の流行に合わせた

4. 実現可能性の確認

　プロジェクトの実現可能性を決める因子は投下するリソースに対するアウトプットのパフォーマンスにより決まります。ここではこのリソースをヒト・モノ・カネに分けて考えます。

4-1. ヒト

　プロジェクトに関わってもらう人材です。プロジェクトの内容によって欲しい人材のスキルや知識・能力は大きく変わってきます。自社の既存ドメイン内でのプロジェクトであれば現有の人材でまかなえる場合が多いですが、新規事業の場合、該当するスキルを持つヒトが内部に足りないことが多々あります。そのような際は外部リソースの活用も検討します。

　携わる業務の種別としては、企画・デザイン・開発設計・製造技術・生産管理・品質管理・マーケティング・法務・財務・営業・カスタマーサポートなどがあります。さらにドメインによってさまざまな人材が必要になります。

　スキルと知識はプロジェクトをすすめる中でも勉強できますが、仕事への情熱は勉強で身につけることは非常に難しいと思いますので、人選には注意しましょう。

　さらに多人数で組織を組んでプロジェクトにあたることになりますから、ディレクションするディレクターとして人間力は必要です。

4-2. モノ

　プロジェクトを実行するために必要となる「設備や情報など」は有形財産と無形財産があります。こちらもヒト同様、プロジェクトの内容によって大きく変わってきます。自社の既存ドメイン内でのプロジェクトであれば現有設備などでまかなえる場合が多いですが、新規事業の場合は外部リソースの活用も検討します。

有形のモノとして

- オフィスとスタッフが使用する機材、コンピュータ・ネットワーク・什器*など
- 開発に必要な各種設備や装置、実験器具や計測器、治工具*など
- プロダクトの自社製造では工場、製造機械・検査器・各種設備、素材や製品を保管する倉庫など
- 流通に必要な輸送手段や物流センター など
- 小売のための店舗やECシステムなど

＊什器
オフィスや店舗で使用する道具や備品

＊治工具
治具が加工や組み立てに使う補助道具と工具を合わせた言葉

無形のモノとして

- 現有の情報と技術の過不足確認
- 新しく必要となる情報の入手方法の確保
- 使用予定の技術やコンテンツのコンプライアンス確認
- 自社の固有技術の知的財産保護の確認

4-3. カネ

　プロジェクトを実行するために必要となる資金には自己資本と他人資本があります。また資金の使いみちとしては開業資金・設備資金・運転資金と分けられます。本書を読んで頂いている経営者やビジネスパーソンであれば詳しいと思いますので説明は割愛にします。

4-4. 実現可能性検証

　整序した所与の条件を元に**実現可能性検証**（フィジビリティスタディ：Feasibility Study）を行います。新たなプロジェクトを行うにあたり、製品にかけたさまざまなリソースを回収し、利益を生み出せるかどうか、というプロジェクトの実現可能性と合わせて将来的な持続可能性を検証するプロセスです。

　検証する内容は、自社の強み・弱みや、前述の「自社・製品・社会のスタンスと相互作用」で示した自社のスタンスと目的や価値観がズレていないか、業界を取り巻く社会的影響として当該のマーケット規模や成長率など多岐に渡ります。検証範囲は考え得ることすべてを網羅するべきで、他社の技術開発状況、関係国の政策、マーケットに現れる兆しなど、あらゆる視点から実施していきます。プロジェクトにおいては開発できる技術的な検証にも目処が立っている必要があります。

　実現可能性検証はどの程度行えばよいかということは決められませんが、全く新しい業態を起業した場合などは何を検討すれば良いかを決めることになりますし、実証試験などが必要となる場合もあります。

　これらの検証は常に中央値の検討に合わせて、楽観値と悲観値を検討し、確からしさに幅をもたせます。そのうえで想定した様々な因子が悲観値に振れた場合でも事業可能性が成立していることが望ましいですから、プロジェクトに与えられた条件下で考え得るシミュレーションを行い、リスクを明らかにして、代替案の検討も含めて検証を繰り返し、最適案だと自身が納得するまで実施します。

5. ミッションの再設定

5-1. ミッションとは

　ここでのポイントは、プロジェクトの実現可能性検証を行った結果、想定される「**プロジェクトのミッション**」が高い確率で実現できるという確証を得ることです。

　ここで言うミッションとは営利企業では当然として追求している「企業の売上や利益を上げる」という事業の糧をより稼ぐという目標から、「ブランドの価値と認知度を上げる」といった長い目で見た目標。また事業を維持発展させるために有望な人を集めたい「リクルートでの人気を高める」など、事業を営む上で求められるあらゆる目標が入ってきます。そしてプロジェクトではこれら複数の目標をバランス良く達成することが求められます。

　プロジェクトを行う目的、つまりミッションを考える際に、プロジェクトを構成する様々な視点から概念を集めていきます（アイデアを集めていくことと同様です）。そして集まった概念を高次の概念に抽象化していきます。

　「4-4　実現可能性検証」であらゆる条件から昇華された概念で、目標をバランス良く達成できるプロジェクトを設定します。「バランス良く」が最も重要なところで、利益率が高くてもユーザーに悪いイメージを与えたのでは事業の永続性を毀損します。ユーザーに良いイメージを持ってもらいながらプロジェクトの経済目標を達成できるというバランスの良い企画が必要です。

5-2. ミッションに求められる条件

　これらの高次元のミッションは企業の営業活動を総括するCIやBIに内包されることが条件となります。

　例えば「事業の糧をより稼ぐ」と漠然と利益を求めているというところで検討を止めず、今回のプロジェクトは「新たな技術で未体験のように感じるデザインを実現し、付加価値を上げる」、または「工場稼働率を維持してコスト競争力を保つ」といったものだったり、「ブランドポジションの変更のための認知度アップ」、さらに「市場での受容性を調査するテストマーケティング企画」であるなど、さまざまなミッションがあります。

　これらのミッションの優先順位を検討し、優先順位1番のミッション「事業の糧を稼ぐ」の裏に「リクルートを有利に」といった優先順位2番のミッションがあり、以降「市場のシェア獲得」優先順位3番のミッション、4番・5番・・・と続けて考えていきます。

5-3. ミッションのまとめ方

　プロジェクトにおけるミッションを構成する目標の重み付けと優先順位はどのように決めたら良いでしょうか。

　ここで「1-3」で考えておいた自社のスタンスが活きてきます。現時点でのスタンスが明確になっていれば、自らが進みたい方向へ行くための目標と、その優先順位の比較を行い、どのくらいのリソースを投入していくかというバランスを考えることで、ミッションとしてまとめていけるからです。

　ここではプロジェクトのミッションは概念的なものになりますから、自ずと文章で表されます。企業戦略とスローガンのところで紹介した各企業のスローガンよりは具体性が必要で、できるだけプロジェクトの進むべき目標を的確に指し示すキーワードであることが望まれます。

5-4. ミッションの再設定の重要性

　事業ドメインが明確にされ、企業内で企画からデザイン、制作、実行部隊と事業の機能が揃っている企業ほど「ミッション」の確認をせずにプロジェクトが進んでしまうことがあります。というのも明確なドメインで、中期計画などもしっかりと決められ、そのなかで起動する新企画ですから、プロジェクトのミッションは事業の継続・発展のためと決めつけている場合がほとんどだからです。さらに様々な職能の社員が揃っている企業は、外部へ業務依頼することが少ないので、ミッションを再確認し合う必要性が発生しません。しかし本来はこの確認はとても大切です。

　どのようなプロジェクトであっても、始まる前にミッションの再設定と、それらの優先順位について議論を重ねることが必要です。以上から「デザインディレクションのプロセス」に、忘れずに「ミッションを再設定する」を組み込んでおきましょう（図5-5-1）。

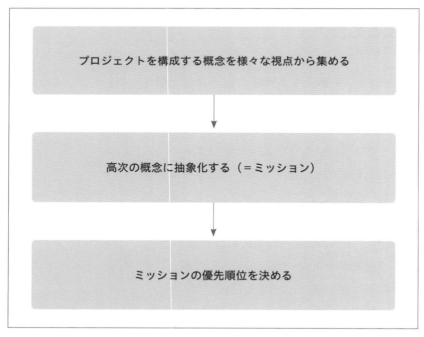

図5-5-1

6. 解領域の決定

6-1. 解領域（Solution Domain）とは

　プロジェクトにおいて前項でミッションを再設定しました。このミッションを達成するために最も適したソリューションの領域を検討します。言い方を変えると「**解領域を決める**」というステップです。

　解領域の決定とは、古くから言われている4P*や4C*、そして現在のデジタルマーケティングへの変遷も踏まえ、製品を売るためのマーケティング要素はいろいろありますが、それらのどこ（解領域）を刺激することがミッションを達成するためには最適かを決める行為です。

6-2. 解領域の例

　例えば、いままでターゲットを女性に絞ってブランド化してきたバッグメーカーがあったとします。そこで売り上げを10％伸ばしたいというミッションを目標の優先順位1番で掲げたとします。そして第2優先でユーザー層の拡大、第3優先としてブランドイメージを高めるプロジェクトを始めるとします。そこで、これらの解を得られそうな領域のアイデアを、漏れがないように洗い出します。

　例えば4PのProductをメインの解領域として考え、10％価格の高い新製品を開発する、女性だけでなく男性も欲しくなるデザインにする、高級感を演出する仕立てにする、といったアイデアが出たとします。

　別の角度から4PのPromotionをメインの解領域として考え、広告宣伝に力をいれるといったアイデアが出ます。Priceをメインにすれば価格を下げて売上数量を伸ばし売上総額を伸ばすことを狙うというアイデア。またPlaceをメインとすれば販路を百貨店からセレクトショップへ広げるなどのアイデアが出てきます。

＊4P
Product・Promotion・Price・Placeで製品・プロモーション・価格政策・販路の4つを指し、供給者側からみたマーケティング要素です。

＊4C
Consumer・Customer Cost・Communication・Convenienceで顧客インサイト・顧客コスト・コミュニケーション・利便性の4つを指し、ユーザー側からみたマーケティング要素です。

アイデアというものには次元があります。CIを企業戦略にとって内包すべき最も高い次元の概念とすると、それに次ぐ次元のBIがあります。すると当該のプロジェクトが、バッグメーカー全体を対象の次元としているのか、それともブランド内のプロジェクトと位置づけているのか、ということで解領域は変わってきます。

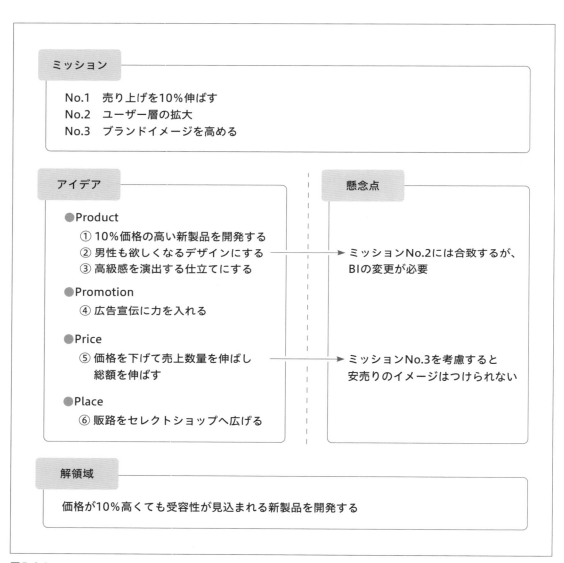

図5-6-1

先ほどのバッグの例では、6個のアイデアのうち、「女性だけでなく男性も欲しくなるデザインにする」は第2優先順位の「ユーザー層の拡大」には合致しますが、BIが女性向けに絞ってきたブランドですからBIの変更を要求します。またPriceを下げて売上総額を伸ばすことを狙うというアイデアは第3優先の「ブランドイメージを高める」という観点から安売りのイメージが生まれないようにする必要があります。

このようにプロジェクトで検討するアイデアはプロジェクトの次元内に収めるのか、次元を逸脱しても良いとするかについても決定し、コンセンサスを得ることが解領域の決定になります（図5-6-1）。

6-3. 解領域に求められる条件

プロジェクトの解領域は、プロジェクトのソリューションを考える際に「ミッションの再設定で表された概念とその優先順位」を、バランス良く達成できるアイデアの範囲が「解領域」となります。

ミッションの解となる刺激すべき領域は、単独で存在するわけではなく相互作用がありますので、幅広く様々なアイデアを考える必要があります。そのため解領域としてプロジェクトそのものが「新製品開発」とならない場合もあります。

プロジェクトの中にはミッションが不明瞭のまま、自社が保有するリソースを活かすソリューションだけに選択肢を固定して、自社で作りやすい都合の良い製品を領域に開発が固定されてしまうこともあります。このようなプロダクトアウト*発想でプロジェクトを始めても、最良の結果になることは難しいことを理解して、プロジェクトを窮地に陥らせないために「ミッションを実現する」が必ず条件の最優先になるよう「解領域の確認」をプロジェクトのプロセスに入れましょう。

＊プロダクトアウト
顧客のニーズを重視するのではなく、会社の方針や作りたいもの・作れるものを優先させる方法

7. ミッションの再設定への
フィードバック

　解領域を検討しプロジェクトのソリューションを深く検討していくと、再設定したミッションとCIやBIの間で違和感が生まれて来る場合があります。このように上位の概念から順次概念を紡いで考えていくと、上位だった概念に疑念を持つことは様々な場面で発生します。

　例えば解領域の検討において、当該プロジェクトを統括するマーケティング上の判断で、取り扱い製品のカテゴリーを変えて製品ドメインの拡大を検討することも考えられます。これはプロジェクトで当初に設定したミッションが、既存製品のリニューアル開発による市場の刷新であった場合、プロジェクトの次元を上げることになります。このように新しい解領域の概念がミッションの範疇に収まっていない場合は、解領域の再検討を行うか、ミッションの設定を再度行うかを検討します。

　プロジェクトはその求めている解を得るために、所与の条件の整序やフィジビリティスタディ、ミッションの再設定、解領域の決定、と順を追って検討しますが、各プロセスでの検討次第では前プロセスへ戻ることがあります。そしてこの手戻りは行わない方が好ましいのですが、必要であればそれを躊躇してはいけません。ミッションに合わない製品にリソースをかけて開発するべきではないからです。

　プロセスとは手戻り*を少なくするために仕事の順序を決めることですから、「プロセスの手順を説明しながら、手戻りを躊躇するな」というと矛盾しているように感じると思いますが、「より良いプロジェクトの解」を求めるのであれば、検討が進むにつれ外的要因の変化や所与の条件の変更、または検討の甘さなどにより、手戻りをしなければならないことがあることも認める必要があります。

　「より良いプロジェクトの解」とは、より高い次元で解を得るための発展的な考え方です。ですから発展的な手戻りは推奨します。しかし、一度設定した解領域が難しいからといって、もっと簡単な解領域にしたいので戻るといった、難しさから逃げるための手戻りは避けなけれ

*手戻り
工程の途中で、更に良い解または問題が見つかり、前プロセスへ戻り作業をやり直すこと

ばいけません。

　またフィードバックをかけるということは一つ前の段階に戻ることだけでなく、場合によってはプロセスを更に遡ってBI、CIという企業戦略の根幹へフィードバックをかける必要が出てくることもあります。

　それはデザインを検討しソリューションを提案するなかで、ソリューションが元々課題としていた問題の次元を超え、さらに高次の課題を解決していることを示す論拠となる証であり、本来は歓迎されるべき提案です。このような提案はデザインのチカラでプロジェクトのソリューションを見直すことができる最大の魅力でもあります。

　しかしプロジェクトを実行する上でこの手戻りはとても嫌われます。開発スケジュールが遅延する、リソースを浪費した、などいろいろな影響が心配されるためで、この課題を解決するにはプロジェクトを中断または中止して、新たなプロジェクトを立ち上げ直す決断が必要であり、最も悩むポイントです。

　新たなプロジェクトの再構築は大変です。前にも増してプロジェクトへの熱量を高めてスタッフやステークホルダーを説得するしかありません。私自身もプロジェクトの手戻りを実行した経験を何度かしています。その度に関係者を説得しましたが、そのとき効果があったのはプロジェクトについて誰よりも深く広く考えたという事実と、成功させたいと思う熱い気持ちを誠実に説明する姿勢です。これらも本書に記したスタンスの整序から準備しておくことで可能になりますので、個々のプロセスをしっかりと考え記述しておきましょう。

　以上の段階を経て、プロジェクトにおける最適なプロジェクト条件が確定します。本書では製品開発を行う際のデザインディレクションのノウハウを記述することが目標ですから、ここでプロジェクトの最適解は製品開発に決まったこととします。

　ここで検討された項目の中からデザインへの影響度が特に高い、「再設定したミッション」と「設定した解領域」を以降「プロジェクト条件」として記述します。

　製品開発決定までに至るプロジェクトの準備プロセスのステップは、どの項目もとても大切ですから、プロジェクトを開始する前に十分に検討して、ステークホルダーと共通認識ができる状態まで議論して記録をしっかりと取り、いつでも見返せるようにしておきましょう。

社会リソースを預かる醍醐味を感じながら

　「本当にこの製品を作ることが社会の役に立つのか」そのモノを存在させて良いのか、存在するに足る製品か。企業の利益創出を第一義に求められながらも、私が携わってきた製品作りの経験の中で、この問い掛けが常に頭の中にありました。

　儲かる事だけを考えるということももちろん簡単ではありませんが、モノづくりを行う者は、有限な社会リソースを使うことが許された者ということです。「今何を作るか」は企業としての利益追求、コンペチタとの競走を行いつつも、自分の考え方で社会の文化や文明を創出する進化のスピードを決めることになるかもしれない行為と言っても過言ではないでしょう。それはアクセルにもなればブレーキにもなる。世界を良い方向に導くことが出来る反面、足を引っ張ることになるかもしれないという懸念もあるのです。

　モノづくりとは、この様に意義のある仕事として誇りも感じられる反面、様々なプレッシャーや精神的な疲労を伴うものです。私自身大きなプロジェクトを任された際に自律神経失調症をわずらうほど悩んだ経験もあります。この経験から、プロジェクト条件をしっかりとまとめる事の必要性を身を持って痛感しました。

　プロジェクトを開始する際のわかり易いプロジェクト条件を作ることは、良いデザインに繋がることはもちろん、そこに携わる人の負担を軽減し、結果良いモノづくりへの足掛かりにもなるものです。

第**6**章

デザインと製品コンセプト

1. 製品コンセプトとは

1-1. 製品コンセプトを作る理由

製品コンセプトはデザイン開発の起点になる情報

　製品開発には欠かせないモノは「**製品コンセプト**」です。企画を考える際は当然のように作る製品コンセプトですが、なぜ作るのか理由を考えてみます。

　製品コンセプトとはどのようなモノでしょうか。一言でいえば「製品の特徴を表した概念」です。

　プロジェクトのコンセンサスを得るために、また製品開発を複数のメンバーで行うためには、プロジェクトに期待されている情報をより正確に捉えてメンバー間で共有する必要があります。まだ開発される前の製品に姿はありません。まだ見ぬ製品を表現するために、言葉で製品を表す必要があります。製品に求める特徴を言葉で表現した製品コンセプトは、デザイン開発の起点として無くてはならない情報です。

概念は製品と関係者をつなぐ共通言語

　これらの言葉ですが、例えば「雪」と言っても想起するイメージは人によって変わります。「白い」「冷たい」「結晶」など、雪の持つ特徴を概念化し直接的に表現する言葉があります。また「積雪」「冬」「北国」と雪にまつわる言葉を組み合わせることで、雪から連想される言葉などさまざまです。

　個々の言葉における表現は、ヒトが認知すること（メタ認知）で意味を持ちます。これが概念になります。「概念」とは広辞苑によると「(1) 事物の本質をとらえる思考の形式。事物の本質的な特徴とそれらの連関が概念の内容（内包）。概念は同一の本質をもつ一定範囲の事物（外

延）に適用されるから一般性をもつ。以下略（2）おおまかな意味内容。」とあります。雪の例では「白い・冷たい・結晶」が内包で、「雪」が外延になります。リーダース英和辞典で「concept」は「概念、観念、考え、構想、コンセプト」とあります。

製品コンセプトを考えることは言葉による表現で製品の特徴を考えることですから、イメージを概念に細分化し、詳細に意味を設定して関係者間で共有する作業が必要になります。そして、これらの意味合いを積み重ねて作り上げた概念の塊が製品コンセプトです。

要は「製品を概念化して共通理解できる概要を言い表す」ということです。

概念化とは製品の本質を伝えるために、製品の持つ特徴を抽象化し、言葉に整序して表現することです。概念化する理由は、該当する製品から内部に含み持つ意味（内包）を取り上げるためです。製品が何を発信しているか、概念を言葉として伝えることで、着目して欲しい内容やその意味を明確に指し示すことが目的です。

このコンセプトは作り手視点ではこれから作る製品の目標となります。またユーザー視点では製品から認知した特徴となり、ユーザーが欲するモノとして購入を検討するに値するかを判断する材料となります。

1-2. ユーザー視点で製品コンセプトを作る理由

仮に製品の概念をまとめずにバラバラにしたまま、ユーザーに提示し知覚してもらうことがあったとしたら、どんなことが起きるでしょうか。たくさんの概念を知覚したユーザーは、それらを個々に認知していきます。それと併せて関係がありそうに感じた部分同士を感じ取ります。そして脳は認知の処理を減らそうとして、似たような部分同士や近くにある部分同士、さらに時間軸やロケーションといった関係性のある概念同士を集めてまとめようとします。

これは人が刺激を知覚した場合、たくさんの情報を処理するために今までの経験をもとに理解しやすい簡単な認知にまとめようとする、誰もが行う脳の処理です。これは脳が処理を減らそうとする本能によるもので、心理学ではプレグナンツの法則と言い、ゲシュタルト心理学*の中心となる概念です。

*ゲシュタルト心理学
認知活動を「心的要素の結合」として説明する従前の考え方から、認知は心的要素として部分の寄せ集めではなく、「全体としての特徴（ゲシュタルト）」を直接的に認識することを強調する心理学派で、ヴェルトハイマー・ケーラー・コフカ（K. Koffka 1886〜1941）・レヴィンらベルリン学派によってドイツで提唱されました。

この概念同士をまとめる行為の相互作用により、元からあった概念以外の新たな概念を自らが生み出していきます。この概念の総量が増える例として、スイスの老舗ブランドのウオッチを例に見てみます。

「Made in Swiss」というロケーション情報は「スイス製は品質が高い」というユーザー自身の知識をベースに、「このウォッチも品質が高いのだろう」という推論を生み出します。次に「18世紀創業からデザインは大きく変化していない」という情報をもとに、ユーザー自ら「デザインが陳腐化しないだろう」という推論を生み出します。これらの情報から、ユーザーは自ら「この時計は一生モノで子孫に残せる逸品だ」という概念を生み出します。さらに「この時計はロバート・デ・ニーロがしていた」という情報が重なることで、概念同士が掛け合わされ大きく膨らんで「この時計がロバート・デ・ニーロと同等の自分にふさわしい」となり「非常に高価な製品でも、その価値がある」というユーザー認知が完成されます。

このように製品コンセプトは、構成する概念要素と組み合わせ方というユーザーへの見せ方によって、高いレバレッジ*（テコの作用）を生み出します。この高いレバレッジによってユーザーが実用品として見ていた製品にもプレミアム価値を認知するポイントが生まれることがあります。このユーザー認知は製品コンセプトを起点とした製品開発に依拠しますから、製品コンセプトに大きくレバレッジを掛けることはとても大切です。

このようにさまざまに付帯する情報が掛け合わされることで、製品コンセプトはたくさんの情報を束ねて昇華させるための言葉を用いるため、抽象度が非常に高くなります。

＊レバレッジ
小さい力で大きな効果を
もたらすこと。

1-3. 作り手視点で製品コンセプトを作る理由

次に作り手視点での製品コンセプトを作る理由を見てみましょう。

「作り手として関わるスタッフ全員のイメージを揃える」ことが最初の目的で、これはスタッフ全員の製品に対する認識のズレを最小にするためです。

プロジェクトにおいて開発する製品はカテゴリーに応じて関わるス

タッフの職種は様々ですが、与えられた条件と求められる条件を集め、そこから考え得るアイデアを発想し、取捨選択することで最適な解を出すという仕事を行う人たちの集まりであることは同じです。そしてこれら職種のスタッフにも、それぞれが持っている全ての経験やスキルを活かして、より大きなレバレッジを掛けてくれることが期待されています。

　また製品コンセプトは「どのように製品を売り込むか」を生み出すため、広告・宣伝・販売促進といった社内外のクリエイターへ製品開発が終了したあとも伝えられます。この際のイメージのズレを最小限に抑え、更に売り込み方の方向性にズレが生じないようにすることが製品コンセプトの役割です。

　このように製品コンセプトは「どのように製品を作り込むか」という全ての戦術の起点になります。

1-4. 製品コンセプトの制作プロセス

　製品コンセプトを作る理由は以上のように、作り手とユーザーの双方に製品の特徴を伝わりやすくするために大量の概念をまとめ、さらに製品や情報を受け取った作り手やユーザーが、自身の知識や経験からその概念を更に大きくするようレバレッジを掛け、巨視化*してもらうことを目的としています。

　この作用をうまく使うことで、価値観が全く異なる文化圏でも成立する製品コンセプトを生むことが可能であり、ワールドワイドに受容され、世界的なブランド製品を生み出す起点となるでしょう。

　本書はデザイン・ディレクションについて記すことがメインテーマですので、製品コンセプト*の制作プロセスと確認すべきポイントの説明だけを簡単に行います。

　製品コンセプトの制作は図6-1-1に示すように5ステップです。順を追って説明します。

*巨視化
ものごとを広く・全体的に捉える

*
この製品コンセプトの制作もビジネスパーソンにとって非常に大切なスキルの一つですから、詳しくはまた別の機会に記したいと思います。

| 製品コンセプト制作 | 考え得る概念を洗い出し6概念に仕分ける | アピアランスに期待する概念をまとめる | レバレッジの検討とコンセプトの構造化 | 突出させる概念の優先順位を決める | 製品コンセプトをまとめる |

図6-1-1

2. 製品概念の洗い出し

「製品とは何か」について考えてみます。本書ではデザインを「ユーザーを想像して製品をかたち作る諸要素全ての最適解」と定義していますから、どのようなユーザーが使うのかという概念が存在します。

また製品の範囲について本書では、ハードウエアとして存在するものを対象として、ハードウエア上で提供するソフトウエアやコンテンツとしてのサービス、この両方を合わせて製品と呼ぶことにします。この製品はユーザーを想定し、なんらかのソリューションを提供することを目的として作られた製品に限ることにします。

ユーザーは職種・地域差・収入・世代・ジェンダやユーザーが目指す方向性や考え方、さらに嗜好が異なり相互に作用し合いますから、製品を使ってくれるユーザーのクラスターはさまざまになります。

ハードウエアであれば動力源となる電気や内燃機関で動く電気製品・輸送機、動力を必要としない道具類・家具など、3次元の大きさと質量といった物理的な量が存在し、製品を構成する部品の配置により重心やモーメントが決まります。このサイズや重さには他の同様の製品との相対的な差異を含み、世界一軽い製品とかコストパフォーマンスが最高といった製品の立ち位置が存在します。

ソフトウエアではスマートフォンやPCなどのアプリケーションをインストールするデジタル機器や、各種の案内板や販売機といった設備や端末など、ハードウエアを介して、操作対象となるユーザーインターフェースが存在します。またこれらの操作によるフィードバックをユーザーへ返すために、インタラクティブ*に変化する表示、アトラクティブ*な仕掛けなど、ユーザーが認知する順番が存在し、これら一連の流れによって何らかのソリューションを提供するモノが製品となります。

*インタラクティブ
「相互に作用する」の意で、ユーザーの操作や行動（アクション）に対し、装置や機器がアクションに対応した反応（リアクション）をする関係を表します。

*アトラクティブ
目を引く、魅力的な、興味をそそる。

ソフトウエアでも音楽や画像といったコンテンツであれば、何らかのフォーマットという記録のルールに則って時間軸に従いデジタル記録された情報が、ユーザーが認知できる音や画像に復元されてユーザーへ届けられることで製品になります。

ハードウエアとソフトウエアという区分以外にも、製品には主たる機能が与えられユーザーはどのようなベネフィットを得るのか、使い方は理解できるか、使いやすいかといった概念が存在します。

さらに製品の面構成によりできる形態、全体と部分の色、さらに素材の質感や触感から得る認知がイメージとして存在します。

製品には小売店などで売買して差益を得る製品、さまざまなアプリケーションとして販売する製品、サブスクリプションにおいての利用料という製品などさまざまです。これらの製品には、売り買いするもの自体が製品の場合もあれば、お客様がインターフェース機器を介して情報を購入する場合もあります。このように製品はハードウエアとソフトウエアが相互に絡み合いながら様々な形態で存在します。

またこれらモノを表現する概念以外にも、その製品の製造や販売方法など、製品を手に入れるまでに関わるさまざまな企業や団体が関係し、それぞれにブランドを持っています。これら組織のCIやブランドのBIなどから生まれる物語も概念により構成され、製品に大きな影響を与えます。

ここまでの説明にも、製品を定義付け説明するために用いられた言葉が多数出てきました。これら全てを洗い出す概念とします。

3. 概念の仕分け

3-1. 製品を構成する6つの概念

製品を構成する概念を分類すると、(1)実体概念、(2)機能概念、(3)属性概念、(4)価格概念、(5)形態概念、(6)抽象概念、の6つに分けられます。これは数字が大きくなるほど、概念の抽象度が高くなります。

また製品が持つ概念とは6つの概念が個別に存在するのではなく、全ての概念の掛け算の総和、図6-3-1のように乗累算になります。

各概念は製品に対するユーザーの主観的視点と客観的視点に分かれます。この主観的視点はユーザーが個別に知覚し認知する概念です。客観的視点はユーザー自身を含み社会的にどのように認知されているかを表す概念で、他の製品などと相対的に比較した認知も含みます。

製品コンセプト制作には、必要なモノと期待されている考え得る概念すべてを洗い出し各々の6つの概念に分けていきます。

図6-3-1

3-2. 実体概念

主観的視点

　ユーザーが自身の主観的視点から、モノが持つ物理的因子をどのように認知するかといった概念です。

　重さの例では鉛筆は通常4g程度ですが、鉛筆と同程度の大きさで軽いと呼ばれるシャープペンシルは6gぐらいです。大きさは同じくらいでもシャープペンシルの方が比重は大きく1.5倍も重量は重いのですが、大人のユーザー認知としてこのシャープペンシルは重いとはならず、どちらも軽い筆記具の範囲です。筆記具の数グラムという重量に対して人間の筋力が十分に強いため起きる認知で、同じテストを幼児で行えば結果は変わってきます。

　この実体概念は属性概念である想定ユーザーが変わることにより変化する概念ですから、実体概念と属性概念に相互作用があると分かります。

客観的視点

　製品が持つ物理的な大きさと重さ、また素材などでコンペチタとの差異を示す概念です。製品の属性と機能を満たすために必要十分な物理量であるかなどを表す概念です。

　世界一小さい、世界一軽い、といった実体としての非常に強いコンセプトになり得る客観的概念です。また体積が大きくてもコンペチタより十分に薄いなど、製品の一部の実体概念だけを大幅に変更することでコンセプトとして使える概念です。

　また何でできているのかという、素材の特徴を活かした企画の概念も含みます。主な素材として、鉄・アルミ・チタン・貴金属などの金属また、ガラス、プラスチック、木材、紙、布など、様々な物理特性や希少性といった概念も製品コンセプトに活かせます。

　これら製品が何で形成されているかという実体は、結果として機能や属性、価格、形態にも関わってくる製品の根本的な条件になりますから、ここでは重量は世界最軽量でなくても、単位体積当たりの重量

が最軽量になるなど、様々な概念の組み合わせで特徴のある実体概念が作り出せるかどうかを吟味します。

3-3. 機能概念

主観的視点

　ユーザーが得るベネフィットのうち、何ができるのかという製品の存在理由ともいえる概念です。「何ができるか」という主たる機能や付加機能と併せて「何ができないか」も概念として洗い出し、機能面で差別化できる概念を検討します。

　どうやって使うのか、というユーティリティに関する概念や、操作するユーザーとの接点になるインターフェースをどのように構築していくかという概念も対象になります。

客観的視点

　機能として世界初、世界唯一、世界最高性能といった機能概念は圧倒的に強いインパクトを持っています。機能は性能と組み合わせることで概念に大きなレバレッジを与えてくれますから、検討の際には考慮することが大切です。

　機能の反作用も洗い出します。例えば自動車は人やモノを楽に移動させることが主な機能ですが、操作を誤れば走る凶器にもなります。さらにCO_2排出による温暖化問題や製品を処分する際の環境への負荷のかけ方などの概念も含まれます。

3-4. 属性概念

主観的視点

　属性とはどのようなカテゴリーに属するかという概念です。属性概念は他の5つの概念の組み合わせという関係性に応じて決まります。

例えば機能面での属性概念を主に制御するのは、実体概念と機能概念です。

　カテゴリーのデファクトスタンダートとなっている製品群が存在する場合、それらに準じた実体概念と機能概念の組み合わせの設定によって、ユーザーはその製品がどんな機能を持ち、どのように使うモノなのか既にリテラシーを持っています。そのため説明は不要ですが、新規性をユーザーに与えることはできません。

　しかし新規性を求めるあまり、デファクトスタンダードを実体概念と機能概念を逸脱した属性概念に設定すると、ユーザーは何をする製品で、どのように使うのか分からなくなってしまう、という問題が発生します。

　また例えば高齢者や幼児といったユーザーの世代、性別、ジェンダー、職種、地域、収入、ユーザーの指向性、信条、主義、趣味、嗜好というクラスターも属性概念で、対象となるユーザーのクラスターと、製品のターゲットユーザーが合っているかによっても主観的視点は大きく変わります。

客観的視点

　同じ実体概念と機能概念、さらに同一ブランド内や同一価格帯、似たような形態概念を持つ既存の製品群という群と群の間（群間）でどのようなポジショニングに属するか、またその群の中（群内）でどのようなポジショニングを取っているかを表す概念です。

　製品は機能概念により期待されるベネフィットが決まり、実体概念により被対象物が決まります。この機能概念と実体概念の相互関係からモノのカテゴリーを表す属性概念は決まりますから、各々の概念が動くと属性概念に変化を与えます。すでにさまざまな機能を持った製品で世界は溢れていますが、まだ作られていない属性に成り得る機能はもちろん存在します。

　デファクトとなっている既成概念から、素材やサイズなど実体概念を技術革新で変革できれば、大きなイノベーションになります。少しの差異でも効果的にこの属性概念をズラすことを意識して企画すれば、新たな概念を生み出すことが可能ですから、製品コンセプトを考える上で非常に有効な概念です。

　また国や地域固有の文化や慣習によって属性概念が変わるというこ

ともあります。

　属性概念も同じ機能の製品同士で、産業用と民生用でカテゴリーが異なる製品もあります。産業用では当たり前だった実体概念や機能概念を民生用に変えることで、全く新しい製品コンセプトを生み出したり、逆に民生用を産業用に転用することで新たな属性概念を生み出すこともできます。

3-5. 価格概念

主観的視点

　ユーザーが製品に対して経済的な認知を示す概念です。製品の価格を始め、使用時や導入するために掛かる費用に対する絶対的かつ相対的な認知です。

　製品を構成する6概念を客観的に見た場合、各々にポジショニングが存在します。このポジショニングの中でも実体概念と機能概念の一部には定量的評価が存在しますから、元々アカウンタビリティがあります。これら定量的評価と価格が結びつき、ユーザーは主観的なコストパフォーマンスを認知するのです。例えば「安い割に大きい」とか「高い割に機能が少ない」、また全く別のカテゴリーの製品とも比較し「他のカテゴリーの高機能の製品に比較して、簡単な機能の割に価格が高い」などという認知です。

　また定量的評価が存在しない属性概念・形態概念・抽象概念は、直接的にコストや価格と比較できませんが、大きな意味を持ちます。「高いが価値のあるブランドの製品である」とか「安くチープな見た目が既存のヒエラルキーのアンチテーゼで格好良い」などです。これらの概念は製品にとても大きく影響を与えます。

客観的視点

　既存製品やコンペチタと比較して同等以上の製品をいくらで提供するかという、他製品との間で発生する客観的コストパフォーマンスといった概念が相当します。これは主観的視点と同様に、同じカテゴ

リー内での比較だけでなく、全く異なる他のカテゴリー製品とも比較を行います。例えば「大型液晶テレビはブランドアパレルに比べて安い」といった認知です。

製造コストや流通コストはユーザー以外にもステークホルダーに大きな影響を与えています。このコストと利益の関係で、流通の利益が大きい製品は、流通企業にとって売りたい商品になるのに対して、流通の利幅が少ない製品は流通企業が扱いたくない商品という認知が生まれます。

3-6. 形態概念

主観的視点

形態概念とは、製品のアピアランスからユーザーが直接想起するイメージから生まれる認知です。

丸い形態が柔らかい印象を生んでいるとか、角張った面構成が堅い印象を与えるなどの認知や、あるいは今までに使ったことのある〇〇に形態が似ているなど、既存製品やコンペチタ製品のアピアランスと比較しユーザーが認知する概念です。

ユーザーがデザインされたアピアランスから何を感じ、認知したかという概念には、製品の全体や部分のアピアランスからユーザーが感じる評価性・情緒性・バランス感覚・怜悧感*・親近感・時間的感覚など多種多様なモノがあります。これも個人ごとに認知は大きく異なりますが、同じユーザー（クラスター）内であれば同じ傾向となることが多いので、その傾向を概念として用います。

作られたアピアランスからユーザーが様々な印象を生み出し、ユーザーが得た形態概念が実体・機能・属性・価格・抽象の各概念を補強できればテコの原理により相乗効果が大きくなり、概念の総量を増やしたことになります。理屈ではなくユーザーから「その製品のアピアランスに惹かれる」という認知を生み出す概念です。

また逆に形態概念が負のイメージのアピアランスを与えることで製品に負のフィードバックが掛かり、概念の総量を大きく目減りさせてしまうこともあり得ますので注意が必要です。

＊怜悧感
賢さ。

客観的視点

　形態概念は、アピアランスが客観的に社会や環境に与える影響も包含します。形態の受容性は国や地域で異なります。既成観念としてタブーとされていることをアピアランスとして取り込む際には注意が必要です。しかし社会に対してのメッセージとして発信したいことであれば、デザインの持つパワーとして使うことができる概念です。また製品が土木事業や建設・建築のように景観に直接関わる製品や、輸送機械などは環境を変化させてしまう可能性がありますから、社会へ与える影響は甚大と捉え、自己満足だけにならないよう注意しなければなりません。

3-7. 抽象概念

主観的視点

　「抽象概念」とは広辞苑で「具体的な個物ではなく、その個物に属しはするが、それから分離して考えられうる性質や関係を指す概念。(1)ある属性を対象から分離してとらえた概念（例えば人間性）。(2)直接に知覚できないものの概念（例えば正義）。(3)全体から切り離して一面的にとらえた物や性質の概念（例えば青）。(4)意識が構成した概念（例えば義務・ペガサス）。←→具体概念。」とあります。
　製品コンセプトを構成する概念群としては、製品を取り巻く情報から想起するイメージを主に扱います。
　ユーザーが製品を知覚した時または使用した際に自身の生活に製品がどのような影響を与えるかを想起し、その意識が形づくる概念です。オーセンティックであるとか、先進的であるといった認知や概念を指します。
　機能が欲しい（必要性・必然性）という機能概念からの認知や、自身が属するに相応しいと感じる属性概念という認知。さらにもっと小さく軽いものが欲しいなどといった実体概念からの認知。手に入れやすさの指標となる価格概念に対して、高価な製品の方がより大きく顕示欲を刺激され心地良く感じるという認知など、欲求のさまざまなバイ

アスが働くように起き得る認知が抽象概念です。

　つまり、この製品から自身の生活がどのように変わるのか、また自身の生活をどのように変わったと見せたいのか、といった製品の持つイメージを観念層で認知する概念で、製品のさまざまな情報からユーザーが感じる評価性・情緒性・バランス感覚・怜悧感・親近感・時間的感覚など多種多様な概念が入ります。

客観的視点

　これら抽象的な概念を製品側から自社の製品群にイメージとして付加価値を植え付けることがブランド化で、いかにブランディングするかという戦略に利用する概念です。直接は目に見えないイメージを表す概念も包含して、歴史やストーリーが欲しい、それを顕示する記号性が欲しい、といったイメージを借景するブランド価値を含みます。

　ここでイメージを高めるために貴石*や貴金属を使ったり、素材のグレードを必要以上に上げてオーバースペックにすることで、実体概念にバイアスをかけコンセプトとしたり、逆に小さすぎたり大きすぎたり極端な実体概念のバイアスをコンセプトとするなどで変化を与えることができる概念です。

　しかし一方で、これらイメージ作りのために希少性の高い素材を供給の持続性を無視して過度に使用することが社会問題化しています。貴石やレアメタルの枯渇、絶滅が危惧される動植物、コストを下げるために非人道的な労働を課すことや、環境破壊を黙認することなど課題は山積で、これらの悪いイメージもこの抽象概念としてユーザーに伝搬しますから注意が必要です。

＊貴石
高価な宝石。

3-8 6概念一覧表

以上6つの概念をまとめた表が図6-3-2になります。

	実体概念	機能概念	属性概念	価格概念	形態概念	抽象概念
製品に対する ユーザーの 主観的視点	主観的に感じる 物理的概念 サイズ 重さ 重心 素材 ・ ・	主観的な 機能概念 ユーザー ベネフィット 主たる機能 付加機能 使用方法 ・ ・	主観的属性概念 ユーザー リテラシー デファクトとの 違い ・ ・ ・	主観的経済概念 価格 ランニング コスト 導入コスト コストパフォー マンス ・ ・	アピアランス からの 想起概念 評価性 怜悧性 情緒性 親近感 バランス感覚 時間的感覚 メッセージ ・	情報からの 想起概念 評価性 怜悧性 情緒性 親近感 バランス感覚 時間的感覚 メッセージ ・
製品に対する ユーザーの 客観的視点	相対的な 物理概念 世界一軽い 国産一小さい カテゴリー内で 世界一 適正サイズ 無駄に大きい 過度に小さい ・ ・	相対的な 機能概念 世界唯一の機能 世界最高性能 一番使いやすい 機能の反作用 （消費エネルギー など） 誤操作時の ダメージ 廃棄時の負荷 ・ ・ ・	相対的属性概念 ユーザークラス ター 既存カテゴリー 未分類 民生用 産業用 特殊用途 コモデティ プレミアム 希少性 ・ ・	相対的経済概念 コスト パフォーマンス 製造コスト 流通コスト ・ ・ ・	アピアランス からの 想起概念 オーセン ティック アドバンスド プレミアム 記号性 既知 未知 ・ ・ ・	情報からの 想起概念 評価性 怜悧性 情緒性 親近感 バランス感覚 時間的感覚 ・ ・

図6-3-2

4.6 概念からポジショニングの検討

　洗い出した概念のなかで、製品のアイデンティティにおいて大きな割合を占める概念に**ポジショニング**があります。ポジショニングは製品の相対的な立ち位置を表します。このポジショニングに具体性を与えるのが、実体・機能・属性・価格の4つの概念で、ユーザーに直接的なベネフィットを与えるという役割を持ちます。そして製品のアピアランスとして表出した概念が形態概念であり、抽象概念はユーザーに直接的なベネフィット以外に満足感を与える概念でありポジショニングを補完します。

4-1. ポジショニング指定の重要性

ポジショニングの検討で製品コンセプトを強くする

　ポジショニングは製品企画の根幹を作っています。まず実体・機能・属性・価格の4つの概念でユーザーに提示する直接的なベネフィットに関するポジショニングについて検討します。

　コンペチタ群と異なるポジショニングを取ることができる概念を、製品のベネフィットとして具体的に付加する提案は、製品に非常に強いコンセプトを与えます。例えばコンペチタよりもサイズが大幅に小さいまたは軽い、全く新しい付加機能を持っている、非常に安価などです。

　ですから製品コンセプトを概念に分解する際、些細なポイントでも良いので、既存のコンペチタ製品と違うポジショニングとなる概念を探ることは製品コンセプトを強くするために大切です。

　このコンペチタとポジショニングを大きく変更できるのは製品のライフサイクルが黎明期にある場合が最も顕著です。様々なポジショニングの製品においてイノベーターやアーリーアダプターと呼ばれる、

新しいモノ好きで受容性感度の幅が広いユーザー達の注目を集めて市場を獲得します。そして成長期には情報を得たフォロワーと呼ばれる、製品のベネフィットを受容することを求める多数のユーザーにより製品が選ばれる段階に入ります。この成長期で市場は急速に大きくなりますが、コストパフォーマンスが重視されるようになり、コストの掛かった製品は淘汰されていきます。そして市場が成熟期に入るころにデファクトスタンダードのポジションが決まってきます。

　実際に実体・機能・属性・価格の4つの概念を見直して作った製品コンセプトにより製造された日本の製品は、ものづくり大国日本と呼ばれた時代には盛んに活用された手法です。より軽薄短小に、より高機能多機能に、さらに産業用のマシンを民生用へ転用を図ったり、より安くという価格概念の変化は市場を大きく成長させ、従来製品の延長上ではありますが他国の製品にはない特徴を明確に押し出した製品コンセプトが強力に機能しました。

概念同士の相互作用から新たなポジショニングを検討する

　現在は製品サイズを少し変えて実体概念を変えたり、機能の見せ方を変えて機能概念を変える、またはコストパフォーマンスという価格概念に少し触る、といっただけでは強い製品コンセプトを生み出すことは難しくなっています。

　しかしポジショニングの変化から生み出されたコンセプトは万人に共通し、グローバルに通用する分かりやすいコンセプトとなる可能性が高いため、様々な各概念を単独で制御するのではなく、相互作用も有効に使うことで、新たに強いポジショニングが可能かを考えることは大切です。

　その上で製品コンセプトにレバレッジを掛けることを考慮しながら、抽象概念と形態概念をうまく操作し、さらなる強いコンセプトの製品を生み出します。

　そのため成熟期に入った製品でも、視点を変えて改めてポジショニングを再検討することで、市場を活性化する新たな製品コンセプトをつくることが可能であり必要となっています。

5. アピアランスに期待する概念

　製品コンセプトをデザイナーに説明するときは「ユーザーに強く訴求したい概念とその優先順位」を明確に顕在化させることが大切です。

　この「ユーザーに強く認知して欲しい概念」は前項のポジショニングも含み、製品コンセプトの中でレバレッジを掛けて最も顕在化させたいポイントで、このためにはユーザーが認知する抽象概念と形態概念を上手に活用することが求められます。

5-1. 「アピアランスを手がかりとした概念評価表」の紹介

　次に、提案者が提唱する使い方ではありませんが、製品コンセプトに含まれる抽象概念や、形態概念を顕在化させる方法として、SD法を紹介している『オスグッドの意味論とSD法』(岩下豊彦著)から「アピアランスを手がかりとしたブランド概念評価表」を活用させてもらいます。SD法とはセマンティック・ディファレンシャル法の略称で、ブランドなどのコンセプトを多角的に評価するためアメリカの心理学者オスグッド(1916-1991 Charles Egertom Osgood)により提唱されました。これが表6-5-1です。

　ブランド概念を評価する目的で作られたもので、「　」内は『オスグッドの意味論とSD法』からの引用で、この表は以下の手順で作られています。

　「当該コンセプトの種類に関わる情緒的特性用語*を収集して、尺度群を作成したもの」で、「SD法では情緒的特性のいずれかについて偏好が見られる被験者を選出し、具体的なコンセプトを提示して得られるSDデータを個人別に因子分析し、偏好次元の種類を把握しその種類ごとに、偏好強度の点で正規分布するような同数者の被験者集団を構成します。被験者集団へ具体的なコンセプトを提示して得られるSD

＊情緒的特性用語
製品コンセプトに含まれる抽象概念や、形態概念を顕在化させる特性。表6-5-1の縦軸にあるワード。

表6-5-1

		評価性									情緒性										
		立派な感じ	清潔な感じ	深みのある感じ	特色のある感じ	愉快な感じ	デリケートな感じ	可愛らしい感じ	厚みのある感じ	味わいのある感じ	明るい感じ	派手な感じ	陽気な感じ	活発な感じ	静かな感じ	おとなしい感じ	さっぱりした感じ	あたたかい感じ	のんびりした感じ	穏やかな感じ	
1	全く その通りではない																				
2	あまり その通りではない																				
3	どちらとも 言えない																				
4	その通りである																				
5	まさしくその通りである																				

データを一括のうえ因子分析を行います。（以下略）」

　本書では製品コンセプトが持つ抽象概念を、この情緒的特性の偏りとみなしてデザインディレクターとデザイナーでブランドの概念を共有するためのツールとして使っています。

　そのためプロジェクトでは洗い出した概念をこの表に追記して使います。キーワードの収集は慎重に、漏れのないように注意します。概念評価表に当てはまる情緒的特性用語がない場合は、被験者が自由記述という形でその用語を随時追記できるようにし、概念の重複などは集計時に検討するということにして、概念に漏れがないことを重視します。

　この概念評価表は調べたいコンセプトを表現する修飾語の反意語を因子として用意し、これらの因子を各々5段階（全くその通りではない－その通りではない－どちらとも言えない－その通りである－まさしくその通りである）から7段階（全くその通りではない－あまりその通りではない－ややその通りではない－どちらとも言えない－ややその通りである－かなりその通りである－まさしくその通りである）で評価し、得られたデータから各種の分析を行うために使います。

　この表は一般的な製品に対して、アピアランスだけを手がかりとして、ユーザーのイメージに重み付けする方法ですので、特殊な概念の

	バランス因子											怜悧性						親近性						時間因子					合計	平均
	女性的な感じ	男性的な感じ	固い感じ	柔らかい感じ	力強い感じ	重い感じ	軽い感じ	積極的な感じ	丁寧な感じ	甘い感じ	渋い感じ	賢そうな感じ	ハキハキとした感じ	キリッとした感じ	情熱的な感じ	知性的な感じ	意思が強そうな感じ	親しみやすい感じ	近づきがたい感じ	やさしい感じ	打ち解けた感じ	貴族的な感じ	庶民的な感じ	若々しい感じ	新しい感じ	モダンな感じ	保守的な感じ	進歩的な感じ		
																													0	0.0
																													0	0.0
																													0	0.0
																													0	0.0
																													0	0.0

製品を企画した際には因子を適宜増やしたり、製品の製品が持って欲しい概念とは関係のない因子を外して使うことをお勧めします。

　この表の使い方として「保守的な感じが最大」ということが、そのまま「進歩的な感じが最小」となるものではありません。とても保守的なアピアランスに見えながら進歩的な概念を持つという反意を示す概念が拮抗していることは十分にあり得ますので、因子の取り扱いには注意が必要です。

　この評価は企画者・デザイナーなどスタッフでブレインストーミングの形態で行っても良いですし、デザインディレクターが自身の考える製品コンセプト像を表にして提示しデザイナーなどと議論することもおすすめです。

　表は全部で47因子があり、評価性・情緒性・バランス因子・怜悧性・親近性・時間因子の6種類に分類されています。

5-2. 概念評価表における個人差

　このアピアランスを手がかりとした概念評価表において、個人の認知の差が含まれることは仕方がありません。個人にはそれぞれ個性と

なるバイアスがありますから受け取り方に差異がでます。

このバイアスはユーザーが持つ情動と本質的価値に結びつき、結び付く強さによってバイアスの方向性や強度が変わるために生まれます。

バイアスの違いが大きいということは、被験者が持つ情動と本質的価値がどのように結びついたかに直結しますから、ターゲットとなるユーザクラスターを想定して採点することはもちろんですし、ターゲットとする想定ユーザクラスターと似た被験者による採点を行うことで精度が上がります。そのため評価には製品の想定ターゲットとなる疑似ユーザーをリクルートして調査することをお勧めします。

このようにして割り付けられた因子から、他の因子よりも明らかに高くなった概念が突出させたい概念、つまり特徴点となります。この特徴点を形作る因子群により作られる概念が製品コンセプトになります。この際、突出させたい概念の反対の概念がある場合はそのポイントが低くなっていることも確認しましょう。もし低くない場合には、別の概念が混在している可能性がないか検討してください。

5-3. レバレッジ検討

ここで突出させたい概念の特徴点をユーザーにもっと大きく認知してもらうことができないかを検討するのが**レバレッジ検討**です。

突出させる概念をより強くアピールできるよう、ユーザーが持っている本質的価値や情動に訴えるポイントのなかで、インプット量に対してアウトプット量が最大化できる点を探すことが目的です。このインプットに対するアウトプットの比率をレバレッジ（テコの作用）と呼び、大きなアウトプットを作用点で生み出すために、支点となるポイントと力点となるポイントを考えることがレバレッジ検討です（図6-5-1）。

このレバレッジとは比喩（メタファ）により生み出されるのですが、その際に概念の組み合わせ方によって、ユーザーの認知が元の概念の数倍～数百倍と変化することを利用します。

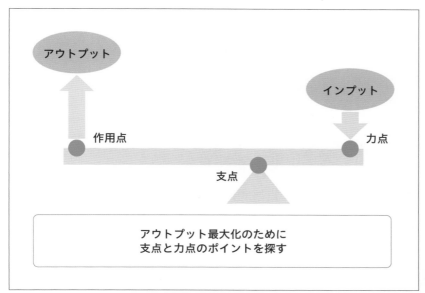

図 6-5-1
レバレッジ検討とは

5-4. コンセプトの構造化

　製品コンセプトを構成する概念の関係性と方向性について、集散化を行い、相対的な優先順位を決めることで製品コンセプトの構造化を行います。

　広辞苑によると「構造」とは「(1) いくつかの材料を組み合わせてこしらえられたもの。また、そのしくみ。くみたて。以下略。(2) 全体を構成する諸要素の、互いの対立や矛盾、また依存の関係などの総称。以下略」とあります。

　ですから製品コンセプトの構造化とは、製品が内包すべき概念を洗い出し、精査した概念が全体を構成する諸要素となり、これら要素となる概念の関係性を明確にしていく行為で、関係性というと依存関係・因果関係・従属関係・相関関係・利害関係・順序関係など様々ですが、これらの関係性を加味しながら製品を構成する6概念を並べ替える作業です。

　製品コンセプトを図形化すると、製品を形作る様々な概念が網のようなレイヤー（層）になっており、各レイヤーは製品コンセプトに従い優先順位の高い概念から低い概念の順番でユーザーから最もよく見える最前景に配置され、次の優先順位の概念がその背景となり、また

次の優先順位の概念が先程の背景の後方に配置されることを繰り返し、手前から奥に向かって優先順位の高い順に順次概念の層が重なるように製品全体の概念の塊を作っているイメージです（図6-5-2）。

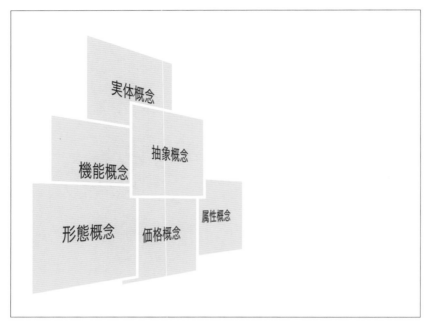

図6-5-2

　ここでの構造化は、全ての該当する概念を必ず一箇所に割り当て、ディレクトリを整然と構築する図書分類法や住所標記のような作業ではありません。あくまでも製品コンセプトを作るために概念の並び順を考えるための整理です。ですから概念一つずつが構造化の対象となるのではなく、製品が大きいことを特徴点としている場合、製品の大きさに焦点を当て、実体概念の中で「大きさに関する概念」を束ねていくといった作業です。
　この構造化によって製品コンセプトを分かりやすくして認知のズレを少なくしていきます。

6. 製品コンセプトの決定

　6つに仕分けし構造化を行い、プロジェクトで最も強く推し出したい概念たちの優先順位を決めていきます。この概念の優先順位付けが製品コンセプト制作の最も大切なところです。

　ユーザーがこの多層に重なった塊を見た際に、最も色濃くはっきりと見える概念群が製品コンセプトになります。最も色濃く見えるというのはその概念がユーザーから見えやすく強調されているというイメージです。

　ユーザーに認知されやすいようにユーザーに向いて突出しているイメージで、前面からレイヤーの優先順位に応じて重なり、配置されています。ですから同じ概念の組み合わせでも優先順位が変わると突出した概念の見え方が大きく変わるため、優先順位はとても大切です。

　次の図6-6-1はユーザーが製品を見た時に概念の塊として認知するイメージ図です。

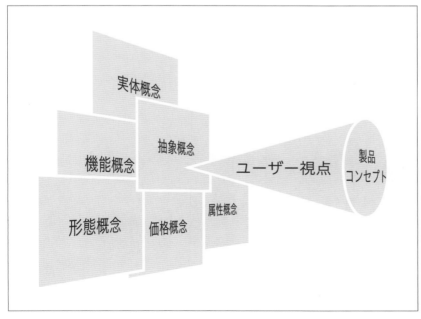

図6-6-1

そして構造化した製品コンセプトを分かりやすい言葉に置き換えて整えます。必要であればコピーとして成立するような強い表現のスローガンも作ります。

　製品コンセプトは製品開発において、とても大切なクリエイションの起点になる情報です。

　この製品のコンセプトは製品のポジショニングと情緒的特性の偏りをデザインディレクターとデザイナーで概念を共有するためのツールとして使っていますから、顕在化させたい概念のポイントをデザイナーに深く理解してもらうことで、デザインイメージがたくさん湧き上がることを期待します。

　そのためこのプロセスは、企画者でありデザインディレクターであるあなたが中心となって推進しますが、デザインを依頼するデザイナーにも時間と予算が許せば、この製品コンセプトづくりに参画してもらうことが望まれます。

第7章

デザイン条件

1. デザイン条件とは

　デザイナーへ情報をインプットする際に必要な情報は、第5章で説明した「プロジェクト条件」と併せて、第6章で説明した「製品コンセプト」、さらにあなたが目論んでいるデザインの範囲をデザイナーに提示する「デザイン条件」の三点があります。

　製品コンセプトには製品に必要なすべての概念が昇華されています。しかしその課程で、大事なCIやBIなどの表現がより高次の概念に吸収されて見えづらくなってしまうのです。また製品コンセプトを受け取るデザイナーから見ても、CIやBIで当然のように語られている概念ほど当たり前すぎて、製品コンセプトワードに包含されているにも関わらず、こぼれ落ちてしまうことがあります。

　このこぼれ落ちやすいCIやBIの表現の典型が「第3章　デザインの構造」で紹介したデザインテンションで、これは前述の通りバウハウスでの教育に使われていたシュパンヌンクを英語に訳したものです。企画を長く続けているとCIやBIと同じように、自社製品のデザインテンションは空気のように存在感を潜在化させてしまい、製品コンセプトワードで十分表現できていると思い込み、デザイナーへの説明から抜け落ちてしまいます。

　これらの情報はインハウスデザイナーに依頼する際、デザイナーサイドでもデザインテンションは同じで潜在的に共有できているため、問題が顕在化せずに済んでいるかもしれません。しかし外部のデザインファームへ依頼する際には、デザイン案が上がってきたときに初めてデザインテンションが大きくズレて認知されていたと分かることが多くあります。

　そのためこれら製品コンセプトに包含されてはいるものの、敢えてデザイナーへもう一度指定することで、手戻りなくデザイン工程をすすめるための指示をまとめた情報がデザイン条件で、CIやBIから生まれるデザインテンションと仮設定したデザインゴールの2点です。

2. CIやBIから生まれる デザインテンション

　一般的に高級品は長く使うことを想定してデザインのテンションは低く抑えられます。対してコモデティ*は市場で繰り返されるコンペチタとの過酷な競争のなかで販売の現場で目立つことが求められるため、テンションは高く設定されがちです。

　しかし例外として「ルイ・ヴィトン（LOUIS VUITTON）」「シャネル（CHANEL）」「ディオール（DIOR）」などに代表されるヨーロッパのラグジュアリーブランドは、全面に推し出されたクリエイティブディレクターによって、シーズンごとのコレクションでトレンド感を演出するために、テンションを最高潮まで高く振り切ったデコラティブな製品を設定したり、テンションを極端に低くミニマルに設定することでマーケティング上のアイコンとして活用しています。

　これらのブランドは自らが新たにクリエイションを提案することで、世界のトレンドのイニシアチブを握っていることをマーケットにアピールすることを目的として、「我々のブランド製品を持てばトレンドを牽引できること間違いなし」というメッセージを発信し続けることを目標としています。これらのブランドでも実際に利益を生み出す売れ筋の商品は、テンションを程よく抑えることで、飽きずに長く使えると認知される製品を提供し、ユーザーに心地よい刺激と満足感を得てもらうことで実益を上げる戦略をとっています。

＊コモデティ
メーカーやブランドに関係なく、価値を同等に扱われている製品群で、主に日用品がそれに当たります。また市場参入時には付加価値が高かった商品の相対的な市場価値が低下し、一般的な製品になったものという意味もあります。

2-1. テンションの高低

　テンションの高低によって製品のアピアランスがどのように認知されるのか定性的に見てみます。

- テンションが高いものは目立つ。低いものは目立たない
- テンションが高いものは動きがありダイナミックで、低いものは静的でスタティックである

　次にテンションの高低が生まれるアピアランス例を見てみます。

- アンシンメトリーはテンションが高い。シンメトリーはテンションが低い
- デコラティブ（加飾）はテンションが高い。ミニマルはテンションが低い
- ハイコントラストカラーで目立つものはテンションが高い。コントラストが低く周囲に馴染んでいるものはテンションが低い
- テンションが高いものは質感に凹凸が激しかったりツヤ感が高く目立つ。凹凸が弱かったりツヤ感が低く目立たないものはテンションが低い
- 面構成が複雑で光の陰影が強く入るものはテンションが高い。面構成がシンプルで光の陰影が弱いものはテンションが低い

　このようにテンションは製品のアピアランスの基礎を成しデザインの方向性を強く示す重要な概念です。

2-2. テンションの指定

　テンションは製品のデザインを考える際にまず最初に決めておくべきで、前述のようにCIやBIから生まれ、育まれてきた製品のアイデンティティそのものを表している場合が多い概念です。

　テンションの高いものは既視感が薄く先進的に見えることが多く、低いものは既視感があり伝統的に見えることが多いことも特徴です。周知のブランドで見てみると以下の表のようになります（表7-2-1）。

表7-2-1　テンションの高低の例

	高い	低い
自動車	ランボルギーニ	フォルクスワーゲン
ペン	モンテグラッパ	モンブラン
キッチンウエア	アレッシー	ストウブ
ノート	ペーパーブランクス	モレスキン
雑貨一般	フランフラン	無印良品

　このテンションは「ブランドらしさ」を表現する根幹を示す概念ですから、既存のブランドであれば、テンションを今までと同等にしたいのか、それともイメージチェンジを狙ってテンションを変えるのかを検討しましょう。

　新規ブランドであれば、テンションをどの程度に設定するかを検討しデザイナーへインプットしましょう。

　テンションの指示をする場合、言語だけで表すことが難しいので、同一業界でのブランドテンションと相対的な位置関係で表現するか、他業界で同じくらいのテンションにしたいブランドを提示する方法が良いでしょう。

　さらに同一業界や他業界を含めてテンション・マップを作り、そこにプロジェクトで作りたい製品のテンションをマッピングすると、さらにデザイナーと深いコミュニケーションが取れ、認識の齟齬がなくなるので効果的です。

3. デザインゴールの仮設定

3-1. デザインゴールとは

　デザインディレクターであるあなたが次に考えなければいけない大切なプロセスは「**デザインゴールの仮設定**」を行うことです。

　ここまで、デザイナーへの一連の説明はあなたが製品のデザイン開発のイニシアチブを取りながら、「自身の中にあるこんな製品になって欲しいというイメージ」を、製品コンセプトを論拠に概念化して伝えてきたはずです。しかしデザインディレクターのイメージをそのまま具体化したスケッチをデザイナーに描いて欲しいわけではありません。

　プロジェクトにおいてデザイナーと協業する目的は、デザインディレクターの持つ「こんな製品になって欲しい」というデザインイメージを超えるデザインアイデアを生み出してもらうことです。

　その情報をデザイナーに精度よく伝えるために、製品の解領域をさらに絞り込んだデザインゴールを仮設定することが有効です（図7-3-1）。

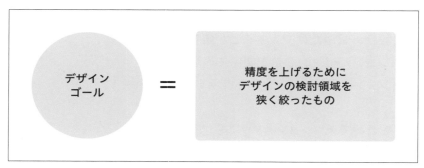

デザイン
ゴール
＝
精度を上げるために
デザインの検討領域を
狭く絞ったもの

図7-3-1

3-2. デザイン開発に向けてゴールを絞り込む

　デザイナーとデザイン作業を始めるにあたり、デザイナーのアイデアを研ぎ澄ますために必要になるのが、このデザインゴールです。求めているデザインの範囲を狭く追い込めば追い込むほど、アイデアは深くなります。逆に求めるデザインの幅を広く取るとアイデアの際限がなくなり、アイデアは多数出てきますが、考えが浅いアイデアになってしまいます。ですからデザイナーへデザインを依頼するときには、できる限りデザインの検討領域を狭く絞ることが大切です。

　このデザインゴールの仮設定で、どの程度の解像度まで完成形のイメージを持っておくべきでしょうか。ゴールを絞るといってもデザイナーに「○○に似せてほしい」「この写真のようなデザイン」と伝えるということではありません。

　デザインディレクターであるあなたの考えをうまくまとめる方法を次項で考えます。

　ただし、デザインを依頼する範囲が先進的なアドバンスドデザイン*である場合は、仮設定したデザインゴールは必要ありません。なぜならこのデザインゴールの可能性を探る仕事そのものがアドバンスドデザインの目標だからです。

＊アドバンスドデザイン
アイデアやデザインテーマを探るために、生産のためのデザインに先立って開発するデザイン

3-3. 製品コンセプトをデザイン要素と　　デザイン原理で表現する

　製品がプロダクトの場合、伝えるためのテンプレートとして言葉で表す方法のひとつが、第3章で説明したデザインの3要素である「FCM」と、デザインを割り付ける5原理「PBREH」の掛け合わせです。この表現方法で、企画者であるあなたのイメージしている製品のデザインゴールを表現してみましょう。

- デザイン3要素（製品のどこを）
  - ▶ F（Form）：形態
  - ▶ C（Color）：色
  - ▶ M（Material）：素材

- デザイン5原理（どのように表現するか）
  - ▶ P（Proportion）：プロポーション
  - ▶ B（Balance）：バランス
  - ▶ R（Rhythm）：リズム
  - ▶ E（Emphasis）：エンファシス・強調
  - ▶ H（Harmony）：ハーモニー

この両者を掛け合わせたのが、以下の図7-3-2です。

図7-3-2

この組み合わせで3要素ごとに5原理のテンションの高低を表した
のが表7-3-1〜表7-3-3になります。

表7-3-1　形態（Form）

←　低い	主な要素 面構成・面の流れ・ボリューム感など	高い　→
対称形	プロポーション	非対称形
釣合がとれている	バランス	釣合が偏っている
一定 反復	リズム	不規則 複雑なリズム
ボリューム変化小	エンファシス	ボリューム変化大
静的 まとまりがある形状	ハーモニー	動的 多面構成・多要素による形状

表7-3-2　色（Color）

←　低い	主な要素 色相・彩度・明度・コントラストなど	高い　→
対称形	プロポーション	非対称形
均質	バランス	偏っている
一定 反復	リズム	不規則 複雑なリズム
類似した色相 低いコントラスト	エンファシス	離れた色相 高いコントラスト
静的 まとまりがある色構成	ハーモニー	動的 メリハリの効いた色構成

表7-3-3　質感（Material）

←　低い	主な要素 素材・アピアランス・触感など	高い　→
均質	プロポーション	不均質
偏りがない	バランス	偏っている
一定 反復	リズム	不規則 複雑なリズム
弱い素材感 弱い反射	エンファシス	荒々しい素材感 強い反射
静的 まとまりがある質感	ハーモニー	動的 メリハリの効いた質感

4. 仮設定したデザインゴールは 「デザイン計画」

　仮設定したデザインゴールは、今まで述べたデザインの3要素の「どの部分で」と「どのように表現したいか」というイメージをまとめることです。このステップはデザインディレクターが考えて案を作り、デザイナーに説明しながら更に一緒に考えることで、デザイナーにさまざまなイメージを湧かせてもらうツールとして大変有効です。またこの作業をデザイナーと共同で行うことで、あなたの持っている「ぼんやり感じているデザイン完成イメージ」も更に鮮明にまとまってくるはずです。

　そしてデザイナーと「3要素 × 5原理」を議論して考えた場合でも、デザインディレクターであるあなたがここでゴールの仮設定を決め、「デザインのゴールはこれで仮設定します」と責任を持って宣言しましょう。

　なぜ宣言するかというと、仮設定したデザインゴールはデザイン計画となり、デザイン案を評価しデザインを決めていく評価項目の論拠として使うからです。

　ここまでプロジェクト条件と製品コンセプトを作り、本章で製品コンセプトをデザインとして具現化するためのデザイン条件をまとめました。デザイン条件はデザインテンションと仮設定したデザインゴールから成っていて、製品コンセプトを具現化する設計図となり、デザインを評価する際の評価項目の元となる大切なものです。そのことをデザイナーに説明して理解を得ておきましょう（図7-4-1）。

図7-4-1

第8章

デザインの依頼

1. デザイナーとの関わり方

ビジネスパーソンであり企画者のあなたが欲しいデザインとは「企画の意図である製品コンセプトがユーザーの目にハッキリと伝わるデザイン」です。これは言うは易くですが簡単ではありません。

プロジェクトにおいて企画意図をまとめた製品コンセプトは企画者が責任を持って作り上げた意欲作でしょう。その製品コンセプトを意図したとおりにデザイナーに伝える必要があります。

本章ではまず、デザイナーの選定について考えたのち、デザイン依頼を行う際の情報についてまとめていきます。

1-1. デザイナーと企画者の違い

デザイナーとは簡単に言えば「ユーザーを想定してモノゴトの完成予想図を作る人」です。もうすこし詳しく言うと、依頼された企画から具体的に使用するユーザーを想像しながらソリューションとなるモノゴトを創造し、この架空のソリューションの完成予想を可視化できる図やモノとして作るスキルを持つクリエイターのことです。

この架空のモノゴトを可視化するという仕事に似た職能としてアーティストがあります。アーティストとデザイナーの違いは何でしょう。デザインを「ユーザーの視点でモノゴトの完成予想を作る」とすれば、アートは「自身の視点でモノゴトの完成品を作る」となります。アーティストはユーザーを想定しません。ですからアートは作った人の「作品」となりますが、デザインは作品ではなくユーザーを想定した「製品」になります。またデザインが完成予想を作るのに対してアーティストは完成品まで作る必要があります。

では企画者とデザイナーの違いはなんでしょう。企画者は「ユーザーの視点でソリューションを考え、ビジネスとして成立するような考えを企てる人」となります。ここでデザイナーと違うのはビジネスとし

て成立させる、というところです。ですからビジネスの種となるアイデアを実現するために、必要となる課題のソリューションを考えながら、経済条件、マーケティング条件を社内や関係先のステークホルダーと調整しながら、フィジビリティスタディ（実現可能性検証）を行い、エンジニアやデザイナーといったクリエイター達と協働して企画全体を推進することが主な仕事になります。

　ビジネスにおいてクリエイションの起点は製品コンセプトを考える企画者が担い、ビジネス成否の責任はその企画者が負うことが多くなります。そのため企画者は企画発案時にソリューションの完成予想図を可視化してステークホルダーの説得を図りたいと考えます。可視化するスキルがある企画者は自身で実行することができると思いますが、スキルのない企画者は完成予想図を作るという大切な作業をデザイナーに頼ることになります。

　そのため企画者は製品コンセプトで推し出したい概念を適切に表現したいという思いから、デザイナーに対し意見も多くなり、デザイナーに変更や修正の依頼をしたいと考えるのは当然です。その大事な役割を担うデザイナーの選定は、仕事を実際に行ってみないとわからないことが多いのですが、仕事を依頼する前に情報として知っておきたいことを考えていきます。

1-2. 企画者の強み

　企画者の出身は文系、理系などさまざまで、専門知識をある一部分で持っていると思います。しかし製品開発は大きく分けてもマーケティング、エンジニアリング、デザインの総合力で作り出す仕事ですから、企画全体の教育を総合的に受けた方はいないと思います。企画者はこのような中でも以下のような知識やスキルが強みではないでしょうか。

- 社会・経済・工学・業界などの一般的知識とそれらのトレンド
- 企画をまとめるマーケティングの知識とスキル
- ネゴシエーションスキル

1-3. デザイナーの強み

　対してデザイナーはほとんどの人がデザインの教育を受けているで
しょうから、強みと言えばデザインに関する専門的な知識を有するこ
とと、イメージを具現化できるスキルがあることです。

- 得意な業界のデザイン・コンテクストとトレンド知識
- イメージを具現化する思考と手順
- イメージを具現化するスケッチやモデル製作などのスキル

1-4. デザイナーのセンス

　このようにデザイナーと企画者は強みが大きく違います。ここで注
目して欲しいところは、デザイナーの強みにセンスが入っていないこ
とです。デザイナーは概念を形に変換する経験を積んできています
が、そのセンスが必ずしも企画者よりも優れているということは担保
されていないということです。ですからデザイナーの提案を「センスが
良いはず」と、無条件に受け入れる必要はありません。

　一緒に働くデザイナーですから、そのセンスを少しでも否定するこ
とにためらいを感じるかと思いますが、決してデザイナーのセンスを
否定しているのではなく、センスを100%共有できる人を探すことは、
どんな間柄の人たちでも難しいということを表現しています。ですから
自分のセンスに自信を持ってデザイナーと虚心坦懐に話し合いましょう。

　デザイナーはデザインに関する事例をたくさん知っていますし、幅
広いセンスを許容する訓練も受けています。企画者が実現したいデザ
インについて何らかの情報を渡せば、そこからさまざまなデザイン関
連情報を拾い上げてくれますから、こんなことを言ったらセンスが悪
いと思われるかもしれないと心配をする必要はありません。しかしデ
ザイナーに対して「デザインに関する知識とスキルを積み重ねるため
に磨き上げた時間」への無条件のリスペクトを怠ってはいけません。
この点を守ればデザイナーは企画を実現するための意見を柔軟に受
け止めて、企画者とデザイナーは良い関係を築くことができるはずです。

2. デザイン委託先の選定

デザイナーを選ぶには様々な方法がありますが、デザイナーがインハウスデザイナーとして社内にいる場合と、外部のデザインファームへ依頼する場合で大きく異なります。各々の特徴とメリット・デメリットと注意点を記します。

2-1. インハウスデザインに依頼する場合

業界のリーディングカンパニーなど社内や関連企業にデザイン部門を持っている企業のデザインファームはインハウスデザインと呼ばれます。プロジェクトの始動時に能力の高いデザイナーをプロジェクト専任という形でチームを組むことが可能で、強力なタッグを組むことができるでしょう。

メリット
- 自社の価値観を分かっているので従来の延長線上のデザイン提案は得意
- デザイナーは同僚なので企画者に忖度しないため忌憚のないデザイン議論ができる
- 一緒に議論できる時間が多くなるのでデザイナーの日常を垣間見ることができ、デザインに付随した周辺の話が気楽にできるのでデザイナーの価値観が分かる
- 社内でのエンジニアとの技術調整をデザイナーが担うことができるため、デザイン変更や修正の小回りが効く

デメリット

- デザインディレクターとデザインマネージャー（デザイン組織の
  長）のどちらにディレクション責任があるかが曖昧になりやすい
- 未熟なデザイナーをアサインされた場合、デザインクオリティ
  が上がらない上に、教育を兼ねて使い続ける義務が生じること
  がある
- デザインスキルが高くクオリティの高いデザイナーは人気があ
  るので、希望するデザイナーを確保できるかが問題
- デザイナーは同僚なので企画者に忖度なしのデザイン議論で
  喧嘩になることがあり得る

2-2. 外部のデザインファームへ依頼する場合

　デザインファームの担当ディレクターとチームを組んで、企画者のど
んな要望にもノーということなく対応してくれる関係ができるでしょ
う。しかし返事が良くても意思のズレが収まらず、補正に時間を費や
してしまうことがありがちなので注意が必要です。またプロジェクト
の進捗が遅れた場合は担当者を変えられたり、予算切れになるとデザ
イン開発は終了し成果物も中途半端になってしまいますので厳重なス
ケジュール管理が求められるところです。

メリット

- 自社にない価値観の提案を得られる
- デザインファームの面子にかけてデザインクオリティを一定ラ
  イン以上に仕上げてくれる
- 企画者サイドがクライアントのためデザインを批評しても表向
  きは怒らない

デメリット

- デザインファームのデザインディレクターにディレクション責任の一部を委譲するため責任が曖昧になる
- デザイン仕様書までを依頼範囲とするため、量産準備へ上手に引き継げるデザイナーまたは技術者が必要
- デザイン仕様書が確定したあとのデザイン変更や修正が難しい
- どこまでデザインクオリティが上がるかはデザインファームのディレクション次第
- 予算に対して割り当てられる時間がシビアで打合せの時間以外にコミュニケーションが取りにくく、デザイナーの日常を垣間見ることができないためデザイナーの本音や本当の価値観は分かりにくい

2-3. 著名デザイナーを起用する際の注意点

　自社にデザイン部門を持つ企業でも、従来とは異なった視点からの商品提案を期待しているプロジェクトの場合、外からの新しい風を期待して著名なデザイナーを試すことをトップダウンなどで実施されることがあります。私も何回かこのような著名デザイナーと一緒に仕事をさせてもらう機会がありました。確かに面白い視点からの提案をしてもらえますし、デザインのクオリティも素晴らしいものでした。しかし現場が困ることも出てきますので、デザインディレクターとしては注意が必要です。

　まず新しい視点からの提案がその企業の過去から現在までのコンテクストから大きくズレている可能性があり、現行の自社製品群とトレンドが合わない場合があります。新しい視点の提供を求めトレンドを変えるために起用することにしたのですから、それは当たり前です。しかし長い目で製品群を育てることを求めている企画者やデザインディレクターにとってこの問題は看過できないこともあります。

そして製品の価格も合わなくなることがあります。例えばスターティングの価格帯の製品をお願いしたのに、作り方が異なることでコスト高になってしまい、既存のプライス体系からズレてしまう場合があり得ます。

　このような帳尻合わせは企画者でデザインディレクターのあなたが行うことになり、困った挙げ句、商流を絞ったり利益を減らしたりしてなんとか市場に出すことを余儀なくされるといったことがあります。

　話題性が出て業界では評判になる可能性は高いので一定の効果はあるのですが、このような仕事のやり方で作られた製品は自社製品のコンテクストから浮いた存在となりやすく、一代限りでシリーズ化できない企画となってしまう可能性が高いため、プロジェクトの位置づけをどのように考えるのかプロジェクト開始前にトップとしっかり議論しなければなりません。問題を回避するためには、著名デザイナーとは長期に渡る製品群の開発を行う予定で付き合うことが望ましく、この関係ができれば双方のメリットは大きいと思います。

メリット
- 面白い観点からの提案をしてもらえ、デザインのクオリティも高い

デメリット
- 提案が過去から現在までのコンテクストと大きくずれている可能性があるのでプロジェクトの位置づけを明確にしておく必要がある
- 製品の価格が合わなくなることがある

3. デザイナーの選定

　デザイナーにはインハウス、外部デザインファームを問わず得意と不得意があります。インハウスデザイナーであればデザイン部門からデザインの情報は得られます。しかし外部デザインファームの場合はアサインをお願いする際に、組みたいデザイナーのタイプを指定してもしっくりはまらないこともあります。デザインディレクターはプロジェクト開始後にできるだけ早くデザイナーの特性の見極めを行い、期待した人選でない場合は、速やかにデザイナー交代を提案する必要があります。

3-1. ゼロから1を作ることができるデザイナー

メリット
- とにかく新しいアイデアを提案してくれる
- デファクト（主に経済合理性から導かれた）を覆したデザインを提案してくれる
- 先入観なく形態が考えられるため既視感のないデザインを提案してくれる
- 技術的に無茶なスケッチであったとしても開発目標として使える

デメリット
- 技術的に不可能なスケッチを描くこともあり、既存の延長上の製品開発には使えないことが多くなる
- 解領域の指定を超えて提案されることもあり手戻りが多く、時間のロスに繋がる危険性がある

3-2. 1を10にできるデザイナー

メリット
- デファクトとなっているデザインの延長で、マーケティング戦術に合わせテイストを変えた使いやすいデザインが描ける
- 製造が作りやすい素材や製造方法、コストも考慮してデザイン仕様を設定できる
- そつがなく無駄になるスケッチを描かないので時間のロスが少ない

デメリット
- 既視感のあるデザインになりやすい
- 新しい情報に疎いこともある

3-3. 製造との連携が上手いデザイナー

メリット
- 製造条件を熟知しているので量産へ向けてデザイン指示が的確
- 製造の基準に従って描くので手戻りが少ない

デメリット
- 新しい価値観を持ち込むことが難しい

インハウスデザイナーで長い間、同じようなデザインを繰り返し行っていることで、このような特徴を持つようになるデザイナーは多いので特に注意が必要です。私が行ったプロジェクトの多くにおいてはデザイナーを複数人アサインすることができる場合、意識的に前記の得意分野が違うデザイナーを混成したチームを組んでプロジェクトを行うように心がけました。理由はそれぞれのデザイナーの得意ジャンルを活かし、アイデアの幅を広げて提案してもらい、それらの面白いアイデアの良い所を集めて組み合わせることで結果うまくいったことが多く、可能であれば試してほしい方法です。

4. デザイン依頼の際の
デザイナーへのインプット

　製品コンセプトはその性格上プロジェクトのあらゆる企画意図を内包していますが、デザインをデザイナーへ依頼する際にインプットしなければならない情報としては足りません。なぜなら概念を昇華させる段階で概念を抽象化させてしまうからです。そこで必要となってくるのが、第5章のプロジェクト条件、第6章の製品コンセプト、第7章のデザイン条件の3項目です。

- （A）プロジェクト条件
- （B）製品コンセプト
- （C）デザイン条件

4-1. プロジェクト条件とは

　製品開発をルーティンで行っている組織ではプロジェクト条件の説明をごく簡単に「〇〇期SS企画です」という程度にしか説明しないことが多いと思いますが、プロジェクトの生い立ちを説明することはとても大切です。特に再設定したミッションと解領域の説明はとても大切です。詳しくは第5章に記しています。

- 再設定したミッション
- 設定した解領域

4-2. 製品コンセプトとは

　コンセプトはできるだけ端的な短い言葉で多くの情報を盛り込める抽象的な言葉にまとめられたり、ニュアンスを多く含む言葉で書かれることが多いと思います。製品コンセプトを突出させたい概念とその優先順位によりしっかりと説明するなかで、製品を構成している6つの概念を用いて、製品にどのようなポジショニングを与えたいのかを詳しく説明しましょう。そしてニュアンスが分かりづらいところは写真やイラスト、スウォッチ*などのグラフィカルな資料を用いて補足説明をしましょう。

＊スウォッチ
素材やカラーなどのサンプル

- 突出させたい概念とその優先順位

4-3. デザイン条件とは

　デザイン条件は、製品コンセプトを具現化する設計図となり、デザインを評価する際の評価項目の元になります。

- CIやBIから生まれたデザインテンション
- 仮設定したデザインゴール

---

5. デザイン依頼時の注意

5-1. 情報のインプットに関する注意点

　デザイナーへの情報インプットにおいて大切なポイントの一つとして、デザインの評価方法を宣言することがあります。デザイン制作により描かれたスケッチは、プロジェクト条件とデザイン条件によりプロジェクトに相応しいアイデアのみに選別されたのち、製品コンセプトをいかに適切に具現化しているかという基準に従って評価することをデザイン開始前に宣言します。

　デザイン依頼を行う際、ややもすると製品コンセプトを強調して説明しすぎてしまうことが多くあります。プロジェクト条件とデザイン条件は企画者でありデザインディレクターのあなたは既知のことであっても、デザイナーの認識は同一ではありません。外部デザイナーであれば尚更です。デザイナーがこれらの設定の仕事に参画している場合でも十分に理解していないことがありますから、注意が必要です。

　デザイナーはこれらのCIやBIの情報を当該企業が開発してきた既存の製品群を事前に参照していることで、プロジェクト条件とデザイン条件の一部を類推してしまい、デザイン依頼時にデザインディレクターが考えているこれら条件とズレてしまうことがあります。このズレをなくすために「プロジェクト条件・製品コンセプト・デザイン条件」をデザイナーに説明し、議論することが大切です。

　デザイナーはユーザーに強く認知して欲しい製品コンセプトの概念を実現するために、プロジェクト条件で設定している製品ポジショニングを変えてみたり、デザイン条件で指定されたデザインテンションを変えて表現するということを試してみたくなるものです。このような企画の意図から外れる新たな提案をデザイナーは良かれと思って行うのですが、プロジェクト条件の解領域を逸脱してしまってはプロジェク

トの解にはなりません。

　この例は、デザインディレクターが製品コンセプトの説明に夢中になり、プロジェクト条件の説明をおざなりにした場合、製品のポジショニングの変化を求めているような勘違いをデザイナーにさせてしまったことが原因である可能性があります。またデザイン条件の説明をおざなりにすることで、製品コンセプトが企業のCIやBIのイメージチェンジを求めているかのような勘違いをデザイナーにさせてしまうことがしばしば起こります。このため説明の力点は均等に行うように心がけ、デザイナーがデザインディレクターの考えとズレた方向へ検討が進まないよう注意が必要です。

　ここでの説明はデザイナーに対し発想を縛るために行うことではありません。デザイナーに広く浅くアイデアを考えてもらいたいのではく、製品コンセプトを遵守してもらうことで深く考えてもらいたいということを強調し説明しましょう。

　そして説明を聞いてもらいデザイナーと議論することが大切です。この議論の中で新たなクリエイションの種を見つける可能性もありますので、デザインディレクターは積極的にこの議論を推進して、良いアイデアを引き出しデザインへ結びつけるようにします。

5-2. アイデアスケッチ依頼時の注意点

　アイデアがモノになるかどうか具体的に描いてもらうものがアイデアスケッチになります。

　アイデアスケッチを依頼する際において、デザインディレクターが注意するポイントを記します。

　アイデアスケッチの出し方はインハウスデザインでも外部デザインファームでも、その社内での方法に準じて行われますが、アイデアスケッチの制作と評価を繰り返すことでプロジェクト条件、製品コンセプト、デザイン条件に適したデザインを固めるために、デザイン依頼時に以下のことをお願いしておきましょう。

アイデアはとにかく数多く出してもらう

　ビジネスパーソンであればブレーンストーミングでも馴染みのフレーズですが、とにかくアイデアは数多く出すことを目標にしてもらいましょう。数多くのアイデアをデザイナー個人で出してもらい、個人ワークで出し尽くしたところで、デザイナーに各自のアイデアをプレゼンテーションしてもらいます。これらアイデアをネタとしてブレーンストーミングで議論して、更にアイデアを絞り出していきます。

　プロジェクト条件、製品コンセプト、デザイン条件を元にしながら、既存製品やコンペチタのコンテクストやトレンド、さらにプロジェクトとは異なる上下ポジショニングの製品や、アパレルやサービスなどトレンドが短期間で変化する製品、更に様々な視点を提供してくれるアートにも目を配り、あらゆる方向に発想を飛ばしてアイデアを絞り出してもらいましょう。

アイデアは全て見せてもらう

　出てきたアイデアはデザイナー自身で切り捨てたりせず、全て記録して残してもらうように依頼します。求められたソリューションという解領域の条件を乗り越えてしまったアイデアや、製品のデザインクオリティが劇的に変わるアイデアも残してもらいます。

　製品を考えたときにモチーフとして適切と思われるアイデア、例えば形、色、カテゴリーや固有名称なども忘れないように記録してもらいます。面白いアイデアを組み合わせることで新たな価値が生み出せるかを検討するためです。

　ここでは考え得るアイデアスケッチをすべて描いてもらいたいので、全体像でなく部分スケッチでもいいので描いてもらいます。

アイデアスケッチにはユーザーを含めて描いてもらう

　アイデアスケッチは製品だけでなく、使っているユーザーも想定して指や手など体の一部も描いてもらいます。

　目的はアイデアスケッチがユーザビリティを考慮しているかを確認するためです。経験豊富なデザイナーであっても格好良いデザインを追いかけるなかで実体概念が薄らぎ、無茶な大きさ・薄さ、細さでスケッチを描いてしまい、実際に製造や使用することが不可能なデザインを描いてしまうことがあります。このようことに陥らないために、ユーザーの体の一部をスケッチに描いてもらうことで、ユーザビリティを省みるきっかけをつくります。

ラピッドモックアップの制作を依頼する

　ハードウエアのデザイン依頼の際には大枠のサイズが決まっている製品であれば、できるだけラピッドモックアップ*の制作も依頼しましょう。新しいユーティリティやユーザビリティのデザイン開発の際は特に大切です。極々簡単なモックアップで構いませんので実寸でのモックアップを作ってもらいましょう。実寸で作れない大きな製品の場合はユーザーが操作するところ（UIに関わるところ）の部分だけでもいいので制作を依頼します。

＊ラピッドモックアップ
完成度よりも迅速に作ることを優先させたモデル

5-3. デザイン依頼のまとめ

　この章ではデザインの依頼先の決定から依頼時の内容までを解説しました。最後にフロー図を図8-5-1として掲載しておきます。

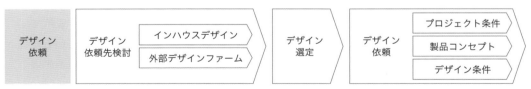

図8-5-1　デザインの依頼先の決定から依頼のフロー

デザインとゲシュタルト

　本書の第6章「製品コンセプト」で説明したゲシュタルト心理学をデザインはよく利用していますので補足します。

　人は何かを認知する際に、要素を部分として寄せ集めているのではなく、それらを体制化した構造として認知しており、これを「ゲシュタルト（まとまり）」と呼びます。

　要素の形・配置・色などにこの法則を使い、デザインの効果をコントロールしています。

1）近接の法則

　要素の数や形態が異なっていても、距離が近い配置だと仲間だと認知する法則です。

2）類同の法則

　それぞれの要素数が異なっていても。「形態、カラー、質感、方向性」などが似ていると仲間だと認知する法則です。

3）連続の法則

　線画の場合で図形は線がつながった形を認知する法則です。例にある2本の線は4本の線が交わっているとは考えず2本の線が交差していると認知します。

4）閉合の法則

「　」や（　）のように同じ形で閉じた形を表された要素は仲間だと認知される法則です。

「　　」

（　　）

5）面積の法則

　2つの図形が重なっている場合は面積の小さいほうが手前にあるように見える法則です。

6）対称の法則（良い形の法則）

　対称形など、整った形態ほど認識されやすい法則です。下図のルビンの壺が有名です。

　形態ではありませんがWEBなどの表示で同じ方向や周期で動いたり点滅している要素は仲間だと認知するという「共通運命の法則」も活用されます。

第9章

デザイン評価の手順

9-1 デザイン評価と3ステップ

1. デザイン評価と３ステップ

1-1. デザイン評価でのポイント

デザイン制作の一連の流れは図9-1-1の通りです。

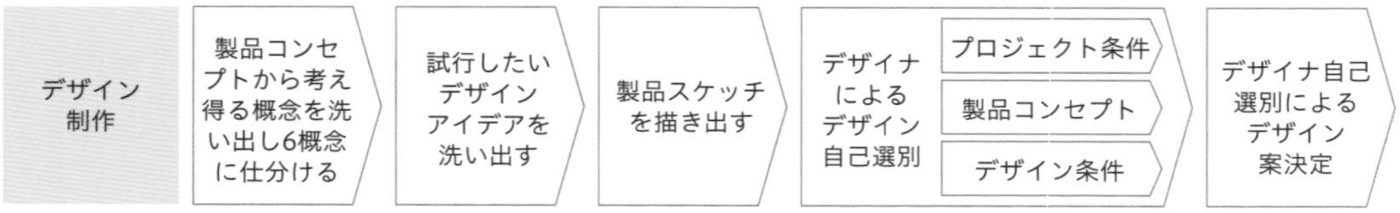

| デザイン制作 | 製品コンセプトから考え得る概念を洗い出し6概念に仕分ける | 試行したいデザインアイデアを洗い出す | 製品スケッチを描き出す | デザイナによるデザイン自己選別 | プロジェクト条件 / 製品コンセプト / デザイン条件 | デザイナ自己選別によるデザイン案決定 |

図9-1-1　デザイン制作のフロー

そしてデザイン評価の流れは以下の図9-1-2です。

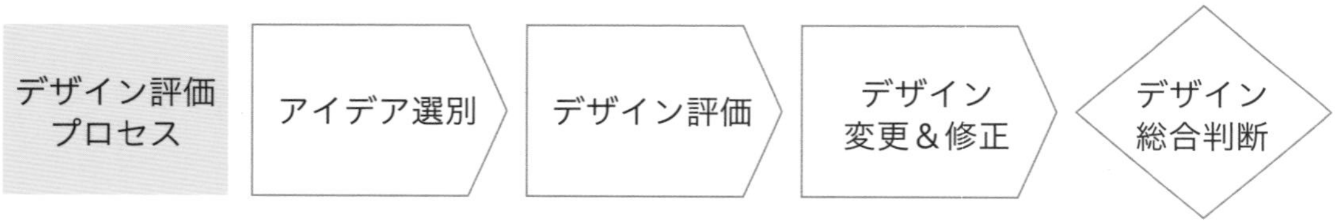

| デザイン評価プロセス | アイデア選別 | デザイン評価 | デザイン変更＆修正 | デザイン総合判断 |

図9-1-2

　9章ではデザイン制作時に重要となってくるデザイン評価の手順について詳しく説明していきます。

デザインの評価とは、作られた製品が美しいかどうかを決めるということではありません。インプットしたプロジェクト条件・製品コンセプト・デザイン条件というデザイン三条件とアウトプットされたデザイン案を比較し、デザイン案により高い価値を付加するよう導き、製品のデザイン仕様を決定する行為です。

　デザインとは「ユーザーを想像して製品をかたち作る諸要素全ての最適解」を決める行為であるため、ユーザーが求めているアイデアを具現化する限り、デザインに絶対的な美という優劣は存在せず、優劣はプロジェクト条件・製品コンセプト・デザイン条件というデザイン三条件への適合度や表現の的確性によって決められます。

　ですからデザイン三条件に合致していれば、どんなに醜悪なデザインもプロジェクトに相応しいということがあり得ます。ゾンビやＳＦ映画のキャラクター設定などが良い例です。

　また既視感のないデザインは製品コンセプトにより新しい未知の表現が求められている場合に必要となりますが、既視感がないデザインが常に求められているわけではありません。

　伝統的なデザインを求められるプロジェクトでは、先進的なデザイン案は求められない場合が多く見られますが、デザイン要素やデザイン原理の組み合わせ方を変化させ、既存製品と差別化されたアピアランスを持つことを求められている場合もあります。古典的な、または伝統的な製品を再解釈し、現代的に再定義して具現化するといった作業です。このような資質を含むアイデアがデザイン三条件で求められている場合は、デザインディレクターは見過ごさないよう注意してアイデアをチェックしていきましょう。

　デザインに求められる条件として、デザイナーにインプットされる情報は、以下の三つだと第８章で説明しました。

・プロジェクト条件
・製品コンセプト
・デザイン条件

これに基づいて、具体的にデザイナーから出てきたデザインについて評価するための項目が、以下のようになります。

- プロジェクト条件に適合していること
  - 再設定したミッション
  - 設定した解領域
- 製品コンセプトを的確に表現できていること
  - 突出させたい概念とその優先順位
  - デザイン条件に適合していること
- デザインテンション
  - 仮設定したデザインゴール

これらの項目に適合しているかどうかでデザインの完成度を評価し、プロジェクトにおけるデザインを決定していきます。

評価方法としては、以下の3つの方法があります。

- アイデンティティ評価
- ユーザビリティ評価
- クオリティ評価

これらの評価項目の詳細は、第13章〜第15章で詳しく解説していきます。

評価の具体的手順に入る前に、まずデザイン評価のステップを見てみましょう。

第1ステップ｜アイデア選別｜アイデア収集段階｜スケッチ検討

　デザイン評価の最初の段階で、デザイナーへデザインの三条件をインプットし最初のアイデアを受け取る段階です。デザインディレクターはデザイン三条件に適合しているかを評価しながら、デザイナーへ情報が正しく伝わったかどうかを確認します。ここでデザイナーの得手不得手も把握します。このステップは少なくても二回、できればさらに複数回のスケッチ検討を行いアイデアを発散させたのち、デザイン三条件に適しており、かつプロジェクトとして検討を詰めていく価値のあるアイデアだけに選別し、プロジェクトに適合しないアイデアは切り捨てます。

第2ステップ｜デザイン評価｜アイデア決定段階｜完成予想図検討

　第1ステップを経てプロジェクト用に選抜されたアイデアが集まりました。これらの選別したアイデアから、立体的な完成予想として様々な角度から透視図（パースペクティブ図：以降パース図）を描いてもらいます。

　このパース図と、彩色した完成予想図（レンダリング図）は手描きのころは分けていました。しかし現在はコンピュータグラフィック（以降CG）による作図が当たり前になりましたので、パース図を描く際の表面のテクスチャーや、カラーを描く行為が省力化されています。そこで本書では以降のデザイン検討にはパース図を用いる前提で記します。

　このパース図により製品コンセプトとの適合度合いを評価します。このデザイン評価は製品コンセプトを論拠として、製品の特徴点であるアイデンティティと、使い勝手であるユーザビリティ、製品の作り込みを見るデザインクオリティ、というデザイン評価の三項目を用いて行います。この段階でハードウエアであればラピッドモックアップを作り、ソフトウエアでは概要のプロトタイピングモデル*を作り評価を行い、ここで複数あったデザイン案からプロジェクトの基礎モデルを決定します。

＊プロトタイピングモデル
本格的なプログラムの開発に移る前にソフトウエアの概略の動きを確認することを目的に、動作に従って製品の表示を書いたプロトタイプ（試作品）を作りシミュレーションするモデル。

第3ステップ｜デザイン決定｜デザイン修正段階

　第2ステップで決めた基礎モデルを、デザイン評価の三項目を元に
デザインの変更と修正を行い調整します。この段階でハードウエアで
あれば正確なモックアップである製品モデルを作り、ソフトウエアで
は全てのモードのプロトタイピングモデルによる評価を行い、最終デ
ザイン仕様にまとめていきます。ここでまとめられたデザインの最終
案は、製造のためにエンジニアリング上のすり合わせを行い確定しま
す。そしてプロジェクトにおける製品開発はデザイン開発から製品の
製造準備へと引き継がれます。

第10章

アイデア選別

1. デザイン評価第１ステップ｜アイデア選別

　デザイン評価の第１ステップとして、デザイナーから提案された最初のアイデアを受け取り、プロジェクトに適したアイデアの選別を行います。この段階ではアイデアが出し尽くされるまで発散させ集めることと、集めたアイデアからデザイン三条件に合致したアイデアを選別することが目標です。

　アイデア選別の手順は図10-1-1となります。

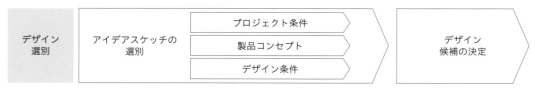

図10-1-1　デザイン評価ステップ1：アイデア選別のフロー

　プロジェクトに適したデザインアイデアの必要条件は、以下になります。第５章〜第７章で解説してきたデザイン三条件です。

- プロジェクト条件（第5章）
  - 再設定したミッションに適合していること
  - 設定した解領域に適合していること
- 製品コンセプト（第6章）
  - 突出させたい概念とその優先順位に準じていること
- デザイン条件（第7章）
  - BIやCIから生まれたデザインテンションと、仮設定したデザインゴールに適合していること

これらの条件に適合しないアイデアについては、

- ソリューションのアイデアまたはアピアランスのアイデアとして良い
  ところを残す
- ボツにする

の判断を行うことになります。この判断の詳細は、次の「2　アイデア
選別の手順」で解説します。

　その際にデザインディレクターは、採用の可否やキープするアイデ
アについてデザインの諸条件との適合性を論拠として評価したことを
丁寧に説明しましょう。

　デザインディレクターはデザイン案をボツにすることにためらいを
感じる必要はありません。ボツになったデザイン案はたまたまプロ
ジェクトにおけるデザイン三条件にそぐわなかっただけです。デザイ
ナーにもそのことを説明し、デザイナー個人のデザインアイデアのボ
キャブラリーへ戻すだけであることを説明し、他で使えそうなプロジェ
クトでそのアイデアを活かした再提案をするように促しましょう。

2. アイデア選別の手順

2-1. 一度目のアイデアスケッチ選別

　一度目のアイデアスケッチの選別ではデザイン三条件に適合しているアイデアかどうかをチェックします。つまりデザイナーにデザイン依頼の際にインプットしたプロジェクト条件・製品コンセプト・デザイン条件という製品の必要条件を満足しているかのチェックです。

　スケッチを選別する手順は、プロジェクトの規模や描かれたスケッチの数によりますが、概ね以下の通りに行います。

デザイナーにアイデアスケッチを提案してもらう

　プロジェクトに参加しているデザイナーに集まってもらいます。

　デザイナーに描いたスケッチを見せてもらいながら、デザインした際に最も注力したポイントについて説明してもらいます。例えばデザインの諸条件で解釈が難しかったポイント、表現が難しかったポイントなどについてです。

　その際にスケッチに表していないのに口頭での補足が非常に多いアイデアは、練り込み不足ということで描き直しを指示した方が良いでしょう。この種のスケッチはプレゼンテーション中にデザイナー自身が不備に気付いている場合がほとんどです。

　デザイナーにはデザイン三条件で必要とされている内容を具現化していくためにアイデアスケッチを描いてもらっている訳ですから、口頭で補足説明して良いのは、スケッチでは表現しきれない時間軸が関わるインタラクション説明だけです。認知性に関わることなども製品のスケッチで可視化するよう促し、時間が許せばその場で追加のスケッチを描いてもらいましょう。

デザイン三条件との適合性によるアイデア選別

　デザインディレクターはアイデアスケッチの説明を聞いた後、以下の決定を行います。

- 個別アイデアのデザイン三条件との適合性の度合いを整理する
- 適合性が高く、既存製品と差別化されたアピアランスを持つアイデアは採用する
- 適合性が低いまたは外れているが、差別化されたアピアランスを持つアイデアは、アピアランスアイデアのみキープとする
- 既存製品と同様のアピアランスでプロジェクト条件の適合性が高い凡庸なアイデアは、アイデアが全く無い場合のバックアップとしてキープする
- 既存製品と同様のアピアランスでデザイン三条件への適合性が低いまたは外れているアイデアはボツとする

　これらを表にすると下表10-2-1になります。

表10-2-1

デザイナーへ インプットしたデザイン三条件		プロジェクト条件 製品コンセプト デザイン条件		
適合性		高い	低い	ハズレ
アイデア スケッチ	既存製品と差別化された アピアランスがある	採用し ブラッシュアップする	適合性を修正	デザインアイデアとして使える部分のみ キープ
	既存製品と同様の アピアランスしかない	バックアップ案とする。	ボツ	ボツ

2-2. 二度目のアイデアスケッチ選別

　一度目のアイデアスケッチを終えて修正またはブラッシュアップした
アイデアスケッチで二度目の選別を行います。二度目のアイデアス
ケッチ選別では、デザインディレクターは第一回目の結果をデザイ
ナーがいかに反映させ適切に修正と変更を行ったかを見るのでは
なく、もう一度新たな目で第一回目と同じようにアイデア選別を行う気
持ちで望みます。そしてそのことをデザイナーに宣言します。

　その理由は目と頭をもう一度リセットしてスケッチを見ることで、一
回目のアイデア選別では気付かなかったことに気付くことがあるから
です。そして一回目と同様にデザイン三条件への適合性を一度目のア
イデアスケッチ選別と同様の手法で選別します。さらに二回目のアイ
デア選別では、製品コンセプトの優先順位の高い順に、複数のソ
リューションを同時に満たすアイデアも考慮して選別します。

　またアイデアは面白いが、トレードオフの関係となり不都合が生じ
てしまうアイデアがあれば解決策がないか考えます。この時、製品コ
ンセプトの最も大切な条件から順に合致していくアイデアほど好まし
く、製品コンセプトの優先順位下位の条件に対しても、できるだけ多く
合致するアイデアが好ましいでしょう。

3. アイデア選別の際の注意

3-1. デザイナーによる粗選りを見越して判断

ラフスケッチからより良いアイデアを探す

　プレゼンテーションを受ける際に、デザイナーが自信を持って勧めてくるアイデアが本当に優れているとは限りません。アイデアスケッチの中でもっと面白いアイデアがある可能性もあるので、デザイン選別の際はできるだけスケッチを全て見せてくれるように依頼します。

　しかし全てのスケッチを見せてくれと頼んでも、デザイナーは全てのラフスケッチを見せてくれることはありません。その中にはデザイナー本人しか分からない一部分のアイデアなど、描き始めのスケッチとも呼べないポンチ絵*のようなラフスケッチがたくさんあるのが普通です。デザイナーはこれらの全体のカタマリ感やディテール案など多数のラフスケッチを製品のスケッチまでまとめてから、ディレクターへ提案するからです。ですからアイデアスケッチの後ろには多数のラフスケッチがあるはずです。デザインディレクターはこれら多数のラフスケッチがあることを想定して、気になったデザインを見つけたら、そのデザインの元となる発想の源となったラフスケッチを見せてもらったり、デザイナーにその場で描いてもらい、キープできるデザインアイデアを貪欲に探していきます。

* ポンチ絵
概略図、構想図。

細かなアイデアを深追いしないよう気をつける

　今までの経験から面白いアイデアを探そうする視点を持てば、デザイナーに個人差があるにせよ、何かしらの気になるアイデアは持っているものです。しかし貪欲にアイデアを探していると、デザイン三条件から逸脱したアイデアでも面白いところを見つけてしまい深追いして

しまうことがあります。学校のデザイン実習などであればその面白い
アイデアを伸ばす方向に指導することもありますが、面白いアイデア
を見つけたとしても、そのデザインがデザイン三条件を満たしていな
いアイデアであれば深追いせず、デザインディレクター自らプロジェク
トから逸脱したりすることのないよう注意が必要です。

アイデアは闇雲に通すのではなく厳格に選ぶ

　ここでのアイデア選別は、デザイナーに次のデザイン評価ステップ
を経験させる意味からもデザイナーの数＋αくらいには選びたいとこ
ろですが、実務ではこの段階で採用される数が多いデザイナーと一つ
も採用されないデザイナーが出てきてしまいます。スケッチのタッチで
誰のアイデアか分かりますが、闇雲にアイデアを通すわけにはいきま
せん。勉強中のデザイナーに対してはデザイン三条件をきっちりと守
るようアイデアの変更を求めていきましょう。

　以前編集長の役割も兼ねて冊子のデザインディレクションをした
時、複数の編集者から面白い企画を同時に提案されました。その時は
冊子でページ数を調整する余地がありましたから企画を第一特集、第
二特集と分けて掲載することができました。しかしプロダクトデザイ
ンではこうはいきません。プロダクトに第二特集はないからです。プロ
ダクトの開発ではアイデアを一つに絞ることを大前提として仕事をし
ていることが多いためデザインは厳格に峻別します。

3-2. アイデアは質に注目

　デザイン三条件に適合しているか最も評価するポイントは、コアと
なるソリューションのアイデアですから、アイデアスケッチの表現力に
惑わされてはいけません。スケッチが稚拙なために面白いアイデアを
見逃すことの無いよう、スケッチの巧拙に惑わされないように十分に
注意しましょう。またデザイナーの説明の言語表現が稚拙であっても、
内容としては面白いことを表している可能性もありますから、アイデ
アをすくいあげる感覚でキーワードに注意して聞きましょう。

　そしてアイデアの方向性をプロジェクトに活かし、発展させられな

いかというポイントに着目します。さらに複数デザイナーが考えたアイデアを合体させるなど、組み合わせることで更に面白く発展できないかに注目し選別を行います。

3-3. 条件を超えるアイデアについて

　プロジェクトのデザイン三条件を超えるアイデアが提案された場合、デザインディレクター自身がプロジェクト全体を統括している立場であればプロジェクト自体の変更を含め採否を決定できます。しかし、もしプロジェクトの総括責任者が別にいる場合はその責任者へアイデアを伝え、プロジェクト全体の見直しが必要かを決めましょう。

　以上のようにアイデアスケッチの段階ではとにかくアイデアを漏らさずに選別遡上に乗せた上で的確に選別することが大事です。

3-4. アイデアの質が低いとき

　デザインディレクター自身の案はデザイン選別で集めたデザインの質があまり高くない際に加えます。

　ディレクターのアイデアを加える際に注意すべきことがあります。0から1を作ることができるデザイナーは良いのですが、アイデアを発見できない1を10にすることが得意なデザイナーの場合、ディレクターの案をブラッシュアップすることだけに注力してしまうことがあるからです。その際も担当デザイナーにアイデアをアドバイスするというスタンスで行う方が、デザイナーのモチベーションを高く維持するために良いでしょう。

3-5. デザイン評価へ移行するための指示

　デザイン選別段階からデザイン評価段階を移行するため、必要に応じてスケッチの修正を指示します。ソリューションアイデアは良いがデザイン表現が面白くない場合や、デザインの表現アイデアが面白いが

ソリューションアイデアが諸条件を満足していない場合など、どこをなぜ変更したり修正することを求めているかデザイン三条件を論拠として、できるだけ分かりやすく説明します。

　そして製品のあらゆる箇所のデザインを評価していくためパースを描いて、様々なデザインポイントが確認できるようデザイナーへ依頼します。

第11章

デザイン評価

1. デザイン評価の手順

1-1. デザインの評価とは

　デザイン評価の第2ステップは、デザイン三条件に適したアイデア
を第1ステップで集めた後、デザインにさらなる高い価値を付加する
ために、個別のデザインそのものをパース図を用いて評価し製品のデ
ザインを定めることを目標とします。本章ではこのデザイン評価を行
うため、評価項目について説明していきます。複数あったデザイン案を
この評価項目で評価して序列を付け、プロジェクト全体のデザイン案
として一つにまとめ、プロジェクトの基礎デザインとして決定します
（図11-1-1）。

図11-1-1

1-2. 評価項目を作る

　デザイン評価が始まるまでに、製品コンセプトを元にデザイン評価
項目を作っていきます。まず大分類（一次項目）となるデザインの評価
項目は製品の特徴点であるアイデンティティと、使い勝手であるユー
ザビリティ、製品の作り込みを評価するデザインクオリティとして評価
項目の3項目に分けて考えます。このアイデンティティ・ユーザビリ
ティ・デザインクオリティをデザイン評価大分類の三項目とします（図
11-1-2）。

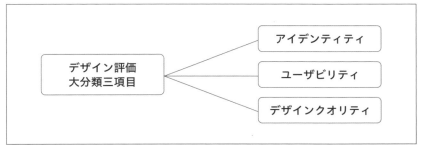

図11-1-2

1-3. デザイン案をデザイン評価項目に合わせ整序する

　第1ステップで選別されたアイデアスケッチを製品コンセプトの優先順位に従い、個々のデザイン案の表現がデザイン評価大分類三項目から順次適切かを判断していきます。

　これらの評価項目に対し満足いくレベルに達していない場合、採用する可能性が向上させられるようであれば、パース図の変更や修正を指示します。このパース検討はスケッチ検討と同様に複数回行います。

　前述の通り、以前はこの段階も手描きによるスケッチ（マーカーなどの画材による彩色を施した）を用いてデザイン評価を行っていましたが、現在ではハードウエアにおいては3DCADによるCGを用いることが多く（学生や若年のデザイナーはレンダリングとはCGと同義と思っています）、ソフトウエアではプロトタイピングツールが用いられることが多くなっていますので、パース検討の段階ではデジタル支援も駆使し、製品のあらゆる角度から評価し見落とすことのないように行います。

　ハードウエアであればこの段階で3Dプリンタなどでモックアップを作り、ソフトウエアでは概要となる主なモードでの操作のプロトタイピングモデルをペーパーまたはアプリケーションで作り、デザイン評価項目に従って具体的に行います。

1-4. 基礎デザインの決定

　ここで複数あったデザイン案を様々な切り口から製品全体のデザイン案としてまとめ、プロジェクトの基礎デザインとして決定していきます。基礎デザインの決定は使えるデザインのリソースが多ければ段階を踏んで一次・二次と徐々に絞ることもありますが、最終的にはこれらのアイデア案の良い所を拾い上げながら一つにまとまるまで検討を行います。

2. デザイン評価項目の内容

　デザインディレクターとしてデザインを評価するということはインプットした製品コンセプトとアウトプットされたデザイン案を比較し、デザイン案により高い価値を付加するよう導き、製品のデザインを定める行為です。そこで比較するため評価項目をつくります。

2-1. デザイン評価項目の提示の際に重要なこと

　評価項目を提示する際に大切な要素は、何について評価を行うかというモノサシの種別である“評価種別”と、その種別を用いてデザインをコントロールする範囲を決める“評価基準”の二点をできる限り明確にすることです。これらが曖昧なまま評価を行うと、デザイナーは何を評価されているのか分からなくなってしまいます（図11-2-1）。

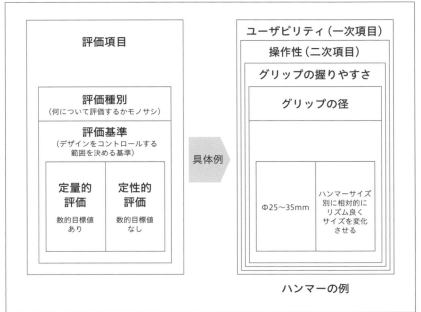

図11-2-1

例えば製品のメインボタンの色について評価する際「製品コンセプトの優先順位は製品のプレミアム性を高く」というインプットだったのに対し、デザイナーは「製品のユーザーインターフェース（以降UI）のメインとなるボタンを最も目立たせたい」と考え、注意喚起色であるコントラストの強いカラーを使った場合を考えてみます。この場合、製品コンセプトをインプットしたデザインディレクターは、「プレミアム性をより高めるためにはユーザビリティよりも製品全体の佇まいを優先させたデザイン」を求めているのに対し、デザイナーは「メインボタンと製品本体とのカラーコントラストを上げ、使いやすいユーザビリティを生み出すこともプレミアム製品として コンセプトに合致している」と考えた、というデザイン条件の解釈に齟齬が生まれています。

　どちらの意見も間違っているわけではなく、製品コンセプトの優先順位が色のコントラストをどのくらい上位に配置しているかということと、どの程度のコントラストを評価種別の範囲としているかをディレクターが事前に明示できていれば、齟齬は生まれず適切なデザインを導き出すことができた可能性が高まります。この例のように評価項目の論拠として「モノサシの種類としての評価種別」と「モノサシの目盛りとしての評価基準」は製品コンセプトを構成している概念とその優先順位により決まってきます。

2-2. デザインの主な評価項目

　製品の評価項目としてもっとも上位なのは、User Experienceユーザー経験（以降UX）の満足を提供できているかどうかです。UXは製品だけで決まるのではなく、製品をとりまくユーザーが持っているブランドイメージ、製品の入手ルート、アフターサービスなど企業姿勢、全ての評価項目を含みます。

　この幅広く製品を評価する項目にはどのようなものがあげられるでしょうか。製品の評価項目は大きくは以下の3点に分けられます。なお下記の（A）（B）（C）の順は評価項目の優先順位を表すものではありません*。

*
各評価についての詳細は第13章から第15章に記しました。

（A）アイデンティティ評価｜特徴点評価（第13章に詳述）

　当該の製品が市場にある製品のなかでUXを満足させるために的確に特徴を表しているかを評価のモノサシをつくります。特徴がないことも特徴として扱える場合があるので注意してください。

> - （A−1）ポジショニング評価
>   当該製品は求められるポジショニングを的確に表現できているか。
> - （A−2）ブランディング評価
>   製品の背景となるCIとBIを適切に表現できているか。
> - （A−3）製品コンセプト評価
>   プロジェクト特有の、突出させたい概念とその優先順位が的確に表現できているか。

（B）ユーザビリティ評価｜使い勝手評価（第14章に詳述）

　当該製品の使い勝手は、想定UXを満足させられるデザインになっているかの評価項目をつくります。

> - （B−1）認知性評価
>   製品を使う際にアフォーダンスからUIへの導入は認知しやすいか。
> - （B−2）操作性評価
>   UIは一連の操作の流れ（シーケンス）を含み適切な操作性を有しているか。
> - （B−3）快適性評価
>   製品デザインは認知性・操作性などを介して快適な使い勝手を実現しているか。

（C）デザインクオリティ評価｜作り込み評価（第15章に詳述）

　UXを満足させるために製品のデザイン品質は購入時点でアピアランスとして見えるところから、メンテナンス性や経時的な変化という購入時点でユーザーには分からない部分まで、ユーザーを満足させられる作り込みができているか評価するモノサシをつくります。

- （C − 1）オリジナリティ評価
  製品デザインにオリジナリティ性があるか。
- （C − 2）デザインポリシー評価
  製品デザインのあらゆる箇所が同一のデザインポリシーで貫かれているか。
- （C − 3）洗練度評価
  製品デザインはポジショニングに相応しい洗練度に達しているか。

　これらA、B、Cの評価項目は評価する際の各大分類の下位にあたるモノサシの種類です。それぞれの製品は、製品コンセプトに従ってさらに細分化されたモノサシを持っています。

　この評価項目は相互に反発し判断がぶつかり合うことがあります。例えばブランドのロゴをデザインの特徴として推し出した製品を評価する場合、アイデンティティ評価ではブランドを推す目的を果たしていて合格でも、ユーザビリティ評価ではブランドロゴが邪魔で不合格評価が出る場合などが考えられます。その場合でもアイデンティティを優先するのか、またはユーザビリティを優先するのか、製品コンセプトの優先順位に従って評価項目とその優先順位を明確に決定し説明できることがデザインディレクションに求められます。

製品コンセプトを再度分解する

　これらの評価に使う評価項目ですが、プロジェクトにおいてデザイナーへインプットする項目としてデザイン三条件をもとに整序していますが、その内容を評価項目にそのまま使うのではなく、アイデンティティ・ユーザビリティ・クオリティの個別の概念に再びほぐすことで、製品コンセプトを作ったときには見えなかった相互作用に気づき、大きな価値を作り出すことが多くあります。そのためデザインを評価する時点で製品コンセプトを再度分解することが大切です。

　製品コンセプトという高い次元に昇華させたワードは、次元を上げ抽象化することで飛躍的に概念の総量を増大させています。そしてコンセプトを組み立てたときの情報量と、デザインとして上がってきた評価物の情報量は同じではなく、デザイナーにインプットしたことでデザイナーの持っている知識や経験などのバイアスを経て増大し、その増大した概念が可視化され、デザイン案にまとまっています。ですからデザインを評価することは、デザイナーが製品コンセプトをどのように考え、デザインに収斂させたかを評価するということになります。再度、評価項目の論拠となる製品コンセプトについてその時点でデザイナーと供にほぐすことで、コンセプト製作時に考えていた概念とは異なる切り口をデザインに入れ込んでいるかどうかをチェックできます。
　またデザイナーへインプットした製品コンセプトという次元を高めた概念の塊を再度分解し、評価できる基準まで次元を下げ具体化していくことで、製品コンセプトを作ったときには分からなかった相互作用に気付くことがありますから、デザインを評価する時点でデザイナーと製品コンセプトを再度分解するという過程は大切です。時間を取って実行していきましょう。

3. デザインが生み出すエンパワーメント

　これらの評価項目で評価できる範囲はデザインの必要条件で、デザインの十分条件を満たすにはデザインが生み出すエンパワーメントの評価も必要になります（図11-3-1参照）。

　デザインの評価を考えるということは、ユーザーがどのようにデザインを認知したかを考えるということで、ユーザーの認知を考える上でユーザーのベネフィットと直結する評価基準がありますが、それ以外に感性に訴える概念があります。

　これらの感性に訴求する認知を評価するために、製品デザインは、アピアランスによる刺激を主としながら触覚、嗅覚、聴覚、（味覚）といった感性刺激も同様に使い、ユーザーに対し抽象度の高いパワーをユーザーへ伝えます。ユーザーが被対象者となってこのパワーを与えられることを製品のエンパワーメントと呼びます。

音楽は同一空間に居るユーザーに届き、認知され、エンパワーメントする

　デザインと同じようにユーザーをエンパワーメントするメディアとして、製品デザインより構成要素を減じた芸術として音楽があります。

　第3章でも触れましたが、音楽はメロディ・リズム・ハーモニーを3要素として、メロディが音の高さの変化によって曲の展開や構成を作り、リズムが音に一定の強弱によるアクセントを生み出します。これら異なる音同士がハーモニーによって協和音を奏でることで楽曲は作り出されます。

　この音楽の3要素はデザインと同様に聞き手となるユーザーに聴覚を通して様々な感性刺激を与えます。

　本書では第3章でデザインの基となる面から作り出される「形態、カラー、質感」をデザイン3要素と定義し、デザインによって計画する方法をデザイン5原理「プロポーション・バランス・リズム・エンファ

シス・ハーモニー」と定義しました。対比する形で音楽の基となる音が作り出す「音程・音の大きさ・音色」を音楽の3要素と定義し、音楽3原理を「メロディ・リズム・ハーモニー」と定義しました。

　音楽ではメロディが音にメッセージというパワーを与え（エンパワーメント）し、リズムがノリをエンパワーメントし、ハーモニーが雰囲気をエンパワーメントします。ただの音の羅列である音楽ですが、音の作り手はメロディ・リズム・ハーモニーという音楽3原理によって音楽の3要素「音程・音の大きさ・音色」を操ることで、メッセージ・ノリ・雰囲気という音楽のパワー三因子を音に入れ込み、その音を受け取ったユーザーに音楽のパワーをエンパワーメントします。

　音楽は同一空間に居るユーザーが無意識でも聞こえます。その音楽からパワー因子となるメッセージ・ノリ・雰囲気を受け取るのは個別のユーザーです。聴覚での知覚は脳に直接刺激として入り情動を刺激し、結果としてユーザーの認知を引き出しますから、ユーザーが知覚を認知するメタ認知を必要としていません。

製品が持つパワーである視点・ベクトルを
ユーザーが認知して初めてエンパワーメントする

　製品デザインでは、聴覚以外の感覚器はユーザーが認知を意識して初めて情動を動かし、さらに情報処理の過程で本質的な価値観や自身の知識・経験を参照することで、初めて知覚から認知が生まれます。

　音楽のパワー三因子はメッセージ・ノリ・雰囲気ですが、製品デザインは様々な製品により異なり少し複雑です。分かりやすくするために更に抽象化してエンパワーメントを考察すると、概念が生み出すパワーには視点（場）とベクトル（指向性と加速度）があるので、この二つの因子について考えていきます。

　ここでいう視点とは、製品デザインがユーザーに感じてもらいたい製品コンセプトを置いている場を表します。

　次にベクトルとは視点で示した場からの指向性、つまりどちらの方向へ活動性を持っているかを表し、加速度とは活動性の絶対値としてのパワーの勢いを表します。この視点・ベクトルという二因子の総体が製品の持つエンパワーメントです。

　音楽が同一空間に居る人すべてに聞こえ、認知されエンパワーメン

トするのに対し、製品は見ることができる空間に居る全ての人の視界に入ったとしても、その製品をすべての人が認知しているとは限りません。製品を認知してくれるのは製品に興味を持ったユーザーだけで、これらのユーザーは製品が持つパワーである視点・ベクトルを認知して初めてエンパワーメントされます。

　デザイナーはユーザーに対して製品に興味を持ってもらうため、製品コンセプトというユーザーに認知して欲しいパワーを製品の見た目（アピアランス）に与えることを目標に、デザイン要素とデザイン原理を駆使して、視点を与えベクトル（指向性と加速度）を与えます。デザインディレクターはユーザーに対してこのパワーを極大化して認知してもらえるよう指揮することが仕事です。

　音楽のパワーと同様に製品デザインのパワーは、デザイン5原理であるプロポーション・バランス・リズム・エンファシス・ハーモニーと完全に一対一で対応しているわけではなく、5原理が相互作用を生みながら表現する関係です。そのなかでパワーを生み出すために最も影響力を発揮しやすい原理は、音楽と同様ハーモニーで、ハーモニーが他の4原理をつかさどることで、カタマリとしての製品のアピアランスにデザインとしてのパワーを与えコントロールしています。

　デザインディレクターはデザインにエンパワーメントする力があることを理解し、5つのデザイン原理を使う際、プロポーション・バランス・リズムで視点とベクトルの外郭を作り、エンファシスでメッセージ性を高め、ユーザーに最大のパワーと心地よい協和音を認知してもらうよう、調整機能としてハーモニーを意識して、各デザイン原理を指揮します。

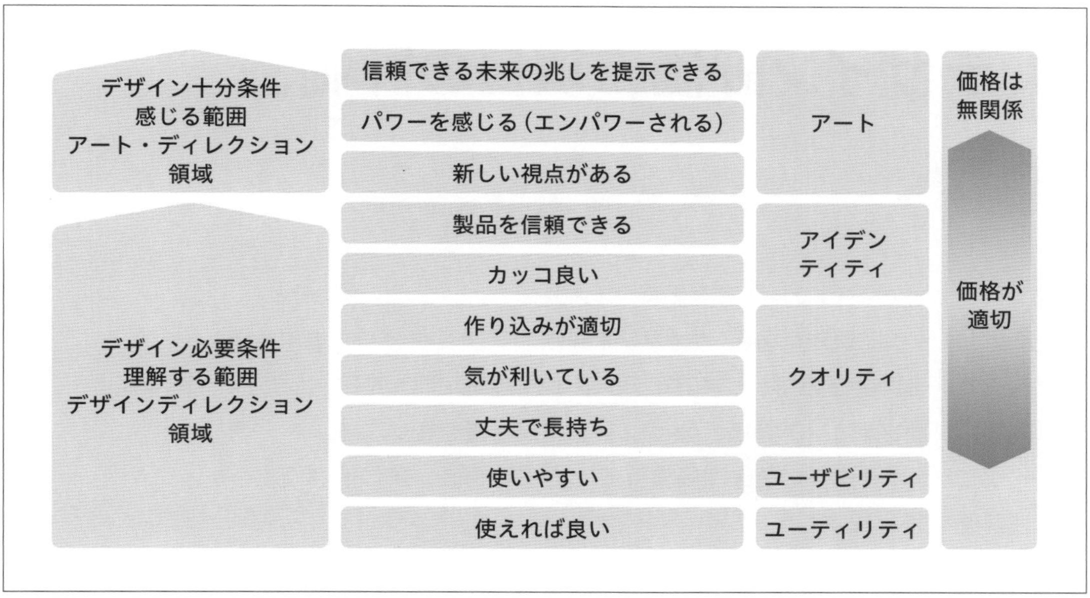
デザイン十分条件
感じる範囲
アート・ディレクション
領域
デザイン必要条件
理解する範囲
デザインディレクション
領域
信頼できる未来の兆しを提示できる
パワーを感じる（エンパワーされる）
新しい視点がある
製品を信頼できる
カッコ良い
作り込みが適切
気が利いている
丈夫で長持ち
使いやすい
使えれば良い
アート
アイデン
ティティ
クオリティ
ユーザビリティ
ユーティリティ
価格は
無関係
価格が
適切

図11-3-1

4. デザイン評価三項目の評価例

　実際のデザイン評価では１次評価項目（大分類）としてアイデンティティ評価、ユーザビリティ評価、クオリティ評価の三項目を分類します。

　それぞれの２次評価項目としてアイデンティティ評価ではポジショニング評価、ブランディング評価、製品コンセプト評価を行います。

　ユーザビリティ評価での２次評価項目では認知性評価、操作性評価、快適性評価を行います。

クオリティ評価での２次評価項目としてオリジナリティ評価、ポリシー評価、洗練度評価を配します。

　これらについて表11-4-1のようなデザイン評価表を作り評価します。

　ここでは５の「まさしくその通りである」から１の「全くその通りではない」までの５段階評価にしていますが、開発が進むにつれて改善されてきた様子を定量化して表現するためには段階を７段階程度くらいにした方が良いでしょう。

　この表は様々なプロジェクトで使えるように抽象度を高くして３次評価項目以降は詳細に記していませんが、個々の製品のカテゴリーやプロジェクトでの目的や目標によって評価項目は適宜、調整してください。

　これらの評価を開発の様々な段階でデザインディレクターとデザイナーで行い、デザインとエンジニアリングのすり合わせを行う段階ではプロジェクトに関わる様々なエンジニアにも評価に参加してもらいましょう。

表 11-4-1

デザイン評価の三項目（大分類）			1 全く その通りで はない	2 あまり その通りで はない	3 どちらとも いえない	4 その通りで ある	5 まさしく その通りで ある
アイデンティティ評価（特徴点評価）							
	ポジショニング評価	ポイントは当該製品は求められるポジショニングを的確に表現できているか					
	ブランディング評価	製品は背景となるブランド・アイデンティティ（BI）とコーポレイト・アイデンティティ（CI）を適切に表現しているか。					
	製品コンセプト評価	プロジェクト特有の突出させたい概念とその優先順位が的確に表現できているか					
ユーザビリティ評価（使い勝手評価）							
	認知性評価	製品を使う際にアフォーダンスからユーザ・インターフェイス（UI）への導入は認知しやすいか					
	操作性評価	製品デザインと操作シーケンスはUIとして適切か					
	快適性評価	製品デザインは認知性・操作性などを介して快適な使い勝手を実現しているか					
クオリティ評価（作り込み評価）							
	オリジナリティ評価	デザインにオリジナリティ性があるか					
	ポリシー評価	あらゆる箇所が全て同一のデザインポリシーで貫かれているか					
	洗練度評価	ポジショニングに相応しい洗練度に達しているか					

情報整理に便利なテンプレート「LATCH」

　この情報の分類方法を始めて知ったのはライフスタイル情報誌だったように記憶しています。商品企画担当として主だった雑誌をチェックしていた中で出会いました。このテンプレート「LATCH」は情報を分類する手始めの手法として、とても使い勝手が良いことがわかり、様々な場面で活用することができました。

　LATCHとは「究極の5つの帽子掛け」と呼び、情報を帽子に例えています。情報は無限に近いくらい存在していても整理する基準は、下記の5つしか存在しない、と紹介しています。

・L：場所（Location）
・A：アルファベット（Alphabet・50音など　　検索に用いる文字列）
・T：時間（Time）
・C：カテゴリー（Category）
・H：階層（Hierarchy）

　その後、この情報は電話帳や様々なガイドブックの情報デザインを手がけたアメリカ人の建築家でグラフィック・デザイナーでTEDの創始者の一人であるリチャード・ソール・ワーマンによる著述『それは情報ではない - Information Architects - 無情報爆発時代を生き抜くためのコミュニケーション・デザイン』（リチャード・S・ワーマン著、金井哲夫訳）に記されていることがわかりました。

　検討項目を種別ごとに分類する方法として比較的シンプルな検討課題を分類する最初の方法としては使い勝手の良い思考法だと思いますので、ぜひ使ってみてください。

第12章

デザイン修正から決定

1. デザイン修正から決定までの手順

　デザイン評価の第3ステップは、第2ステップで決めたプロジェクトの基礎デザインをデザイン評価の三項目を元に、正確なモックアップやプロトタイピングモデルを制作し、価値に最もレバレッジを掛けられる表現方法について吟味しながら、必要なデザインの変更と修正を行い、最終デザイン仕様にまとめます。その後、製造のためのエンジニアリングとのすり合わせを行い、デザイン仕様が製品仕様として確定することを目標とします。そしてプロジェクトはデザイン開発から製品の製造や販売の準備へ引き継がれます。

1-1. モックアップの制作

　最終デザイン決定に向け、ハードウエアはパース図やラピッドモックアップを元にして、製品のアピアランスを正確に再現したリアルなモックアップ（以降製品モデル）を制作します。この製品モデルはデザイン要素（形態・カラー・質感）を全て正確に再現するために製品と同素材かつ実寸で作ることが好ましいですが、費用の点から無理な場合も多くあります。

　大きな装置や設備などの製品では手頃なサイズに小型化したり、小さすぎる製品では拡大した製品モデルを、また金型を作らないと正確に作れない製品の場合にも3D造形機を用いて試作を行うなど形態の確認を行います。これら製品モデルの制作目的を明確にして、どのような方法でどれだけの精度で作るかなどもデザインディレクターが明確に指示を出します。形態以外のカラーや質感は3D造形機で制作した製品モデルであっても、できるだけ本番の仕様に近いものを付与しますが、やはり素材の違いや微妙なカラーは再現できませんので、その場合は素材見本としての素材のスウォッチや素材別カラーチップを用いて吟味していきます。

ただし質感がデザインの大きな要素となるプレミアム製品においては実際の素材で製品モデルを厳密に仕上げて確認していきます。

1-2. デザインの評価基準を作る

　第2ステップで使ったデザイン評価項目に従い、求める仕様がより大きい特性を求める望大特性なのか、より小さい特性を求める望小特性なのか、ある決められた一定の範囲にコントロールすべき望目特性なのかといった、それぞれの項目により異なる目標の与え方を考慮し、判断する基準を考えデザインの調整をします。その際にいくら望小特性や望大特性といっても、プロジェクトとして製品コンセプトから逸脱する仕様や性能を求めてはいけません。これは製品のポジショニングに関わることですから、デザインディレクターとして注意して判断します。

　この評価基準はすべての評価項目に対して明文化することが本来は望ましいですが、項目数があまりにも多いため、デザインを評価する段階でデザイナーに直接説明する手法になってしまうことが多いと思います。その際も評価種別というデザイン評価のモノサシとそのレンジである評価基準をしっかりと認識しましょう。

　デザインポイントによって基準レベルがばらつくことがないように注意します。

　評価に通底する目標は製品コンセプトの具現化ですから、その目標に向かうことを最優先して考えます。

1-3. 評価項目との適合性を製品コンセプトの　　　優先順位に従い調整する

　デザインは製品コンセプトの優先順位に合わせて調整し、修正していきます。しかし様々な部分であちらを立てればこちらが立たないというジレンマの関係（トレードオフ）になってしまうことも多くあります。その際の判断も製品コンセプトの突出させたい概念の優先順位に従って順列をつけることで、明確な判断ができていきます。

また優先順位を考える上で大切な考え方として、人間は間違えるという前提に立ち、ユーザーが間違った使い方をしてしまってもケガをするなど大きな問題にならないように、また間違った使い方ができないようにデザインしておく**フールプルーフ**という考え方も取り入れなければいけません。これは製品をまだ使用したことのないユーザーが、製品の使い方を知らずに使った場合でも安全を守るための効果的な考え方です。車を例にすると、ギアがパーキングに入っていないとエンジンがかからない、ブレーキを踏んでいないとギアが切り替えられないであるとか、ライターでは幼児には使うことが難しくデザインされた製品などが挙げられます。

　同じように製品には**フェイルセーフ**というデザインの考え方を取り入れます。過失であれ故意であれ、製品に過大な負荷や衝撃が加わり故障や破損した場合や誤作動が発生した場合でも、製品としては安全な状態へ転ぶようにデザインしておくことです。例えば、ストーブでは倒れると自動で消える製品などがあります。破損や故障が心配されるような製品にこの考え方を取り入れることで、ユーザーの操作ミスが発生した際にも安全が担保されますから、デザインの段階で必ず取り込むようにチェックしていきます。

1-4. デザイン仕様とエンジニアリングとのすり合わせ

　これまでに決めた最終デザイン仕様をもとに技術検討に入ります。ここでのデザイン仕様とは、あくまでも製品のアピアランスを決める目標であるべきです。

　技術検討を依頼するのが自社の場合と、製造工程を持たないファブレスなのかによっても、デザイン仕様の扱い方は大きく異なることがあります。製造についても技術部門が最先端を追い求めている企業であれば、自社で作れない部分があったとしても自社で工夫して作る、または他社へ委託するといった技術検討を含め自主的に行ってくれる場合もありますが、ファブレスの場合はメーカーを選択する際に特に注意が必要となります。

1-5. デザイン仕様の最終決定

「第16章 デザイン評価の実際」に詳しく記していますが、デザイン評価とは「的確なデザイン要素に対して的確なデザイン原理を使っているか」を判断することですから、デザイン要素を個別に評価しデザイン要素を整え、デザイン原理ごとに用い方を判断し、総合的に評価し判断してデザイン仕様を確定します。

このデザイン仕様と前項のエンジニアとのすり合わせが終わり、デザイン仕様を最終確定させ、デザイン仕様書を作り、データをエンジニア部門やマーケティング部門へ引き継ぎ、デザイン開発の工程は終了します。

2. エンジニアリングとのすり合わせにおいての注意点

エンジニアリングとのすり合わせにおいて注意点は以下の3点です。ここではターゲットコストや数量条件、開発日程を経済条件とします。

- 大きく経済条件から外れている指摘は歓迎する
- 製造の都合だけでデザイン仕様を変更しない
- 必要に応じて評価基準の目合わせを行う

2-1. 大きく経済条件から外れている指摘は歓迎する

デザイン仕様をエンジニアに提示する際、併せて経済条件を説明すると思います。その際にデザインの仕様通りの製造が難しく、指示したクオリティが作り込めない、またできたとしてもコストが経済条件に合わない、さらに製造にあたり製造条件を確認するための量産試作が必要になるなど、経済条件から大きく外れてしまっているということは起こり得ます。

このようにデザイン評価の際に経済条件から大きく外れてしまっているという指摘を、エンジニアリング部門や製造を担うメーカーからされた場合、何はともあれ歓迎しましょう。デザインディレクターが何がなんでもこのデザイン案で進めたい旨を強く推し出しすぎると、経済条件を大きく逸脱していたとしても指摘してくれない可能性があるからです。そうとは知らずにプロジェクトを進め、見積もりを見てから桁違いのコストや開発日程の目処が立たないといったプロジェクトの危機的状況であることを認識する、ということが起きてしまいます。

ですからこのような指摘は大歓迎である旨を宣言し、その意見には真摯に向き合って解決の道を探らなければなりません。

　この経済条件に全くあっていないという状態が「未視感がある（既視感がない）」というデザイン仕様によって作られている場合は注意が必要です。未視感は大抵、作りづらいという製造上の問題から生まれていると言っても過言ではないからです。しかし未視感は新たに製品をデザインする上でとても魅力的なことですから、なんとかして経済条件をクリアさせて具現化したいところです。

　この既視感がない製品の全体または一部分が検討対象に上がった場合、この未視感がどこから生まれているのかを考え、未視感への寄与率の高いところはしっかりと具現化しつつ、寄与率の低い部分はデザイン案を修正し、経済条件が好転するかを確認します。この作業は非常に時間のかかる作業ですから、どのようなプロジェクトでもできるということではありません。ここでリソースを使い果たしてしまうわけにはいきませんから、デザインディレクターはどこまで未視感にこだわり、検討を深掘りするかを決め、指示する必要があります。このようにデザイン仕様の未視感はアイデア選別やデザイン評価の際にも当てはまる内容なので注意しましょう。

　ただこの未視感ですが、実はデザイナーやデザインディレクターが先行して開発されている商品を知らなかっただけだった、ということもあり得ますから、デザインディレクターは普段から様々な製品を含むモノゴトを見るように心がけましょう。

2-2. 製造の都合だけでデザイン仕様を変更しない

　デザイン仕様は「なんとなくこの辺りの外形線を描いています」という曖昧な参考図ではありません。しかし技術検討の際、エンジニアから開発リソースをかけずにできる案としてデザイン案とズレた検討案が提示されることがあります。メーカーが気を利かせてデザイン案に近い既存パーツや治工具を用いることでコスト低減を提案してくれていることにより起こる事例です。

既存製品とシミュラークルな製品*を企画し、制作する上では有効な手法で、エンジニアとしてできるだけパーツや治工具の共有化を図ることを求められる仕事を多くしてきたことが原因です。コスト重視でアジアのメーカーなどに検討を依頼した際に起こりがちな問題です。

これに対して付加価値の高い製品の加工を得意とするメーカーにおいては、デザインを忠実に守り検討を進めてくれますが、忠実であるが故にどんなに難しい加工でも、加工自体が不可能でなければコストや日程が経済条件と大きな乖離があることを承知で加工検討を行ってくれることも多々あり、後の経済条件の調整時に乖離に気づくといったことがここでも起こり得ます。

これはデザインの現場でよく起きる事例で、デザインディレクションする上でとても重要な岐路となります。デザイン仕様を製造に落とし込む際の優先順位の問題で、デザイン仕様案にこだわりすぎると経済条件が合わなくなりプロジェクトそのものが中止になる危険性もありますので、デザイン仕様の中で優先順位がそれほど高くない部分であり、かつ経済条件への寄与率が非常に高いというものであれば、製造上のアイデア提案を全面的に否定せず受け入れることも必要です。

＊シミュラークルな
　製品
「オリジナルと同一のカテゴリーの製品でアピアランスが近似しており、オリジナルと同様の概念価値を持たせることを目指した製品。

2-3. 必要に応じて評価基準の目合わせを行う

製造で注意しなければいけないことは、製造を委託するメーカーにより製品に求められる特性に応じた熟練度や評価力が異なるという点です。メーカーとして加工できる設備を保有していれば加工そのものはできないということはありませんが、クオリティを気にするプレミアム製品の製造においては、そのメーカーが高い熟練度と評価力を持っているかどうかは欠かさず確認しなければなりません。

製品のクオリティを決めるのは**質感**です。いくら形態が整い、カラーがマッチしていても、質感が悪ければ製品にデザインクオリティを感じることはできません。

例えば鏡面という指示で金属加工を委託した場合を例に説明します。委託したメーカーが最高度の鏡面を作り慣れているメーカーであれば、鏡面にするためのノウハウを駆使して最高の鏡面を実現してくれます。しかし精度の甘い鏡面しか作ったことのないメーカーに委託

した場合、指示通りの平滑面にはなりますが、加工時のノウハウがないため最高の鏡面は作れません。この際に問題になるのは、最高の鏡面というクオリティを作るノウハウを持っているという熟練度も必要ですが、メーカーにもクオリティを判断する際の基準となる評価力も併せて必要になります。この熟練度と評価力の違いはクオリティを気にするプレミアム製品を製造することで培われるスキルです。

　以上のように製造上のアイデア提案は歓迎する旨を宣言しつつ、技術検討はデザイン案を忠実に守り実施してもらい、デザイン仕様の変更によって経済条件に大きなメリットをもたらす可能性を持つアイデアがある場合は、製造の都合だけで勝手に仕様を変更するのではなく、必ずデザイン仕様の変更が可能かどうかをデザインサイドへ確認を入れてくれるよう、技術検討の担当者へ依頼します。

　デザインディレクターが加工法について全てを熟知することは難しいと思いますが、このような様々なプロジェクトを実施しながら、わからないことがあれば可能な限りエンジニアに質問するなど、情報を貪欲に吸収していきましょう。またネットに上がっている情報を自分で調べることも非常に有効です。しかしネットで見て理解できることは確かに多いのですが、高いレベルの加工を施した製品の品質は4Kといった高い解像度であってもモニター越しではその違いはわかりません。さらに立体物を二次元で見ていると情報量は想像以上に欠け落ちます。ですから自身の評価する目を養うためにも、ディレクションする製品と同程度以上のクオリティを持つ製品の実物をできる限り自分の目で見るようにします。三次元の造形が生み出す輝きや陰影を肉眼で見て評価力を鍛えていきましょう。

　なお製品のソフトウエア部分でプログラム開発の手法としてアジャイル開発（開発ステップを小さな機能単位に切り分け、短期間でPDCAを回す手法）が行われますから、インターフェースの開発などに合わせデザイン開発も適宜開発ステップを調整して対応します。しかし大きな枠組みとしてのデザインの評価ステップである、発散させたアイデアを評価し取捨選択し、修正し、デザインをまとめるという考え方は同じです。

製品の情報は熱量を上げて発信しましょう

　モノづくりのプロジェクトに携わり、良い
ものを作ろうとするディレクターがいつも
感じざるを得ないジレンマがあります。そ
れはどんなに知恵と時間を注ぎ込み、試作
を繰り返して悩みぬいた開発製品であって
も、出来上がった製品を心から100点満点
だと言い切れないということです。完成し
てみればどこかしら反省すべき点は見つか
り、「もっと良く出来たのでは」という思い
が残ります。

　しかし製品デザイン開発を終えて製品
がユーザーに届くまでの段階において、全
てのスタッフが100点満点の評価をくれる
わけではありませんが、デザインディレク
ターであるあなたが出来上がった製品につ

いて反省点を口にしてはいけません。

　この段階で言い訳となるようなことを言
う行為は、製品を次工程に伝えなければな
らない情報の熱量を著しく下げてしまいま
す。デザイン開発の終了を宣言したのは他
でもないデザインディレクターであるあな
たですから、スタッフからの批判を真摯に
受け止めることは大切ですが、嘘でもとは
言えませんが「今度の製品は良いでしょう」
と、製造や販売の準備をしているスタッフ
に積極的に伝えます。

　製品を作り終え情報発信を次工程に渡し
てからのデザインディレクターは、厳しい
批判に耐え、製品の良さを積極的にアピー
ルする努力を続けましょう。

第13章

アイデンティティ評価

1. アイデンティティ評価｜特徴点評価とは

　アイデンティティ評価とは製品の特徴点を評価することで、製品に付与したポジショニング・ブランディング・製品コンセプトが、想定しているユーザーを満足させられているかを評価します。

　これらの3項目はそれぞれが単独で存在しているわけではありません。更に詳細な評価項目を洗い出すためにここでは分解して考えているだけで、これら3項目は相互に深く作用しあっています。そのため評価には総合的な判断が必要となります。

1-1. アイデンティティを生み出す3つのポイント

（A1）ポジショニング評価

　製品デザインは求められるポジショニングを的確に表現できているか、製品を主に使ってくれるユーザーの属性は適切か、製品が属すると思われるカテゴリーの中で適切な位置づけに置かれているか、またそのカテゴリーの位置づけは適切かを評価します。

（A2）ブランディング評価

　製品の背景となるブランディングを製品デザインは適切に表現しているか、製品デザインが属するCIやBIにふさわしいかを評価します。

（A3）製品コンセプト評価

　プロジェクトでの製品コンセプトは製品が存在するために突出させたい概念とその優先順位を記したもので、製品に命を吹き込む大切な情報です。このコンセプトを製品デザインは的確に表現できているか

を評価します。

　この（A1）カテゴリー内でのポジショニングと、（A2）CIやBIが適切であること、（A3）製品コンセプトを的確に表現することが、製品の必要条件になります。

2.（A1）ポジショニング評価

　まず始めに製品を主に使ってくれるユーザーの属性や、製品が属すると思われるカテゴリーの中で、ポジショニングは適切に置かれているか、またそのカテゴリーの位置づけは適切かを評価します。

　例題として架空のプロジェクト「高付加価値デジタイザペン*」を設定し、このプロジェクトに沿って説明していきます。
　ここでは例題なので言葉での評価項目のみ記しますが、実務ではイメージをより鮮明に伝えるためビジュアルの併用も行います。

＊デジタイザペン
タブレット端末と電気的な連携によりペンの筆跡情報を取り込むペン型の電子機器

2-1. デザイナーへインプットした製品コンセプト

　以下がデザイナーにインプットされた製品コンセプトです。
　「高機能デジタイザペンを、アトリエだけで使用する描画専用ツールから、小型液晶タブレットの普及に伴いアトリエ外で使うことを喚起するため、プロツールらしさを想起させながら、堂々かつ華やかな佇まいを持つことで、周囲の仲間から、モノに対するこだわる審美眼を持った、クリエイターであることを顕示でき、所有する喜びを持てる、プレミアムデジタイザペン」
　この製品コンセプトから詳細な評価項目を作っていきます。

2-2. 製品コンセプトから評価する準備

　製品コンセプトから製品を評価するモノサシとなる評価項目の種別を決め、その中での評価基準を決めていきます。このためには製品を構成する様々な概念を6つの概念に展開し、優先順位を付ける準備をします。まずは製品コンセプトのキーワードを「2-1」であげた製品コ

ンセプトのように読点で区切られた文の単位に分け、個々の文が何を指し示しているか連想していきます。

　前述の製品コンセプトは11の文の単位からできていますので、以下のスラッシュで分けて考えます。

/ 高機能デジタイザペンを / アトリエだけで使用する描画専用ツールから / 小型液晶タブレットの普及に伴い / アトリエ外で使うことを喚起するため / プロツールらしさを想起させながら / 堂々かつ華やかな佇まいを持つことで / 周囲の仲間から / モノに対するこだわる審美眼を持った / クリエイターであることを顕示でき / 所有する喜びを持てる / プレミアムデジタイザペン /

この11の文の内包と周辺概念を個別に連想します。

- （a）高機能デジタイザペンを
  属性はタブレットで使うデジタイザペンであり、高機能な製品ということから多機能またはスペックの高い製品ということが分かります。
- （b）アトリエだけで使用する描画専用ツールから
  アトリエという言葉からユーザーは作画を生業としているプロフェッショナルまたはハイアマチュアで、こだわりを持ってデジタイザペンを使っていることが分かります。またアトリエ内で誰にも見せずに使っているので、描きやすいようにペンにクッションを貼ったり、気に入っているペンであれば製品の一部が割れていてもテープなどで補修して使うほど、描きやすさにこだわっています。
- （c）小型液晶タブレットの普及に伴い
  タブレットから液晶タブレット（以降液タブ）の普及によって（d）を補強しています。
  また液タブを一緒に使うということは一緒に携帯できる方法、またはコーディネートが求められていることが分かります。

- （d）アトリエ外で使うことを喚起するため

    ここからは今までと違い、ユーザーは人に見られることを製品に求めていますから、周囲の人たちから格好良いと思われ、このペンを介して同業者からは一目置かれることを望んでいます。

- （e）プロツールらしさを想起させながら

    「プロツールらしさ」からこのペンは描きやすいことを最優先して作られていることをアピールする必要があります。

    さらにアマチュアの方から憧憬の対象にもなって欲しい製品であることを期待しています。

- （f）堂々かつ華やかな佇まいを持つことで

    「堂々」とはサイズ感（長さ・太さ・重量感）を大きめにする必要があります。（e）プロツールの項と（d）外で使う相関関係から携帯性を良くするために小型化という要望とトレードオフになり、ここでは堂々というキーワードを活かせば大きいサイズのペンをデザインするべきと考えられます。また（b）のアトリエ専用のペンではないことも、佇まいが重視されていることを補完します。

- （g）周囲の仲間から

    ユーザーは自己顕示欲が高い方である可能性が高いため、周囲の同業者などの仲間からどのように見られるかということの優先順位を高くしていることが分かります。

- （h）モノに対するこだわる審美眼を持った

    自分はタブレットの付属品のクオリティでは満足できない審美眼を持っていることを顕示できることを求めています。そのためには高価格も許容してくれそうです。

- （i）クリエイターであることを顕示でき

    この製品を使っている自分は「新しいものを創造することができる才能を持っている」ことを周囲に顕示したい願望を持っていることが分かりますから、目を引く特徴ある形態・カラー・質感を期待している可能性があります。

- （j）所有する喜びを持てる

    所有することを喜べるということは、このペンが周囲のクリエイターも認知しているプレミアム感をはっきりと顕示する記号性を冠することも要求されている可能性が高いと想像できます。

- （k）プレミアムデジタイザペン

ユーザーは（e）（f）（g）（h）（i）（j）を全て包含するワードとしてデジタイザにプレミアムポジションを与え、自身がこのペンを持つことでプレミアムなポジションにいることを主張したいと望んでいます。

以上が製品コンセプトから抽出した概念です。これらを実体概念・属性概念・機能概念・価格概念・形態概念・抽象概念に一覧できるように分けていきます。

2-3. アイデンティティ評価としての ポジショニングを表した6概念一覧

以下製品のアイデンティティ評価としてのポジショニングを表した6概念の一覧になります（図13-2-1）。

```
高機能なペン
デジタイザペン
多機能ペン
高性能ペン
作画を生業にしている
プロフェッショナル
こだわり
現行のペンは人に見せたくない
アトリエを持っている
アーティスト
アトリエの外でも描きたい
携帯したい
液晶タブレットとコーディネートしたい
ファンにカッコいいと思われたい
同業者から一目置かれたい
プロツール
描きやすさ最優先をアピール
大きめのサイズ感
付属品のペンでは満足できない
高い審美眼を顕示したい
コスト高も許容する
自分には創造する才能があることを顕示したい
目立つ特徴を高品質で欲しい
周囲も認める高いブランド性が欲しい
        ・
        ・
        ・
```

図13-2-1

3. (A2) ブランディング評価

　ポジショニング評価で洗い出した概念にCI、BIを適切に表現しているかというブランディング評価を加えていきます。ここで欲しい評価項目は製品のアイデンティティを表すために、CIやBIのイメージを構成している因子となる概念を洗い出し、優先すべき概念を適切な優先順位で表現しているかどうかです。

　引き続き架空プロジェクト「高付加価値デジタイザペン」を用いて説明していきます。

　ここではブランドやコーポレート情報は架空ですので、製品コンセプトに含まれている抽象概念から求められるブランド概念を拾い集めています。

表13-3-1

		評価性									情緒性									
		立派な感じ	清潔な感じ	深みのある感じ	特色のある感じ	愉快な感じ	デリケートな感じ	可愛らしい感じ	厚みのある感じ	味わいのある感じ	明るい感じ	派手な感じ	陽気な感じ	活発な感じ	静かな感じ	おとなしい感じ	さっぱりした感じ	あたたかい感じ	のんびりした感じ	穏やかな感じ
5	まさしくその通りである	○	○	○	○				○											
4	その通りである									○										
3	どちらとも言えない										○	○	○	○			○	○	○	○
2	あまりその通りではない														○					
1	全くその通りではない					○	○	○								○				

3-1. ユーザーに認知して欲しい概念を洗い出す

　製品コンセプトには抽象概念として製品のブランドが持っているBIや、製品を提供する会社が持っているCIなどを概念化し相互作用を持ちながら包含されています。

　また製品は他にも様々な抽象概念を持ちます。これらをユーザーに認知してもらうために可視化する行為がデザインで、その起点は製品コンセプトです。

　先のポジショニング評価で出てきた概念に加えて、抽象概念の捉え方を明確にするために第6章で紹介した次のテンプレート「アピアランスを手がかりとしたブランド概念評価表」をユーザーのパーソナルイメージの測定や推定に使用します（表13-3-1）。

　次表の横軸には製品のアピアランス（外観）からユーザーに認知してもらいたい概念が「〇〇な感じ」と記されています。このテンプレートを使う目的は、製品コンセプトの表記によって強く推し出したい概念

	バランス因子											怜悧性						親近性						時間因子					合計	平均
	女性的な感じ	男性的な感じ	固い感じ	柔らかい感じ	力強い感じ	重い感じ	軽い感じ	積極的な感じ	丁寧な感じ	甘い感じ	渋い感じ	賢そうな感じ	ハキハキとした感じ	キリッとした感じ	情熱的な感じ	知性的な感じ	意思が強そうな感じ	親しみやすい感じ	近づきがたい感じ	やさしい感じ	打ち解けた感じ	貴族的な感じ	庶民的な感じ	若々しい感じ	新しい感じ	モダンな感じ	保守的な感じ	進歩的な感じ		
					○			○	○			○	○	○		○	○								○	○		○		
		○	○								○				○							○								
	○			○														○	○	○	○			○			○			
				○				○		○													○							

の方向性や度合いといった、微妙な意味合いの評価項目を検証すると共に、補足する概念の検討や対概念との比較を行うためです。

　また製品コンセプトが持つ社会的な立ち位置、製品の進化度合いの設定レベルや文化・文明に対するスタンス、CIやBIの背景にある信念・主義・主張などの評価項目も深く評価できる点で有意義です。

　このテンプレートに「高付加価値デジタイザペン」の製品コンセプトから求められる評価項目を割り付け、各概念の重み付けを記してみました。

　この表の分析例では、評価性のポイントが高めで、情緒性とバランス因子は中庸、怜悧性は非常に高く、親近感は中庸、時間因子は高めで、掘り下げると新しい感じを出しモダンかつ進歩的でありながら保守的な感じも残すといったニュアンスが読み取れます。

　この方法は、概念と概念を組み合わせて総体として大きくなった概念の塊をほぐして、どのような概念で組み合わされているかをわかりやすくする行為です。

　そのためこの方法で分析を行う際にデザインディレクターとして大切なことは、大きくなった概念をさらに高次の視点から評価できるように、できる限りイメージを膨らませておく必要があります。少なくともデザイナーと同等以上にイメージを膨らませる必要があります。

　イメージを膨らませる方法とは、簡単に記すと連想をどんどん進めていくということです。その際に不明瞭な概念に出会ったらできる限りしっかりと調査し、その概念がなぜそのようなイメージを作り出しているのかを考察することが大切です。

　上で出てきたブランドを表す概念をこちらも実体概念・属性概念・機能概念・価格概念・抽象概念・形態概念に分けて一覧できるようにします。

3-2. ブランディングのための6概念一覧

　以下は製品のアイデンティティ評価としてのブランディングを含めて表した6概念一覧で、ここでは例としてわかりやすくするため、5評価の「まさしくその通りである」と1評価の「全くそのとおりではない」だけを抽出しましたが、実際のデザイン評価では4評価や、2評価の「あまりその通りでない」や「どちらとも言えない」という中庸の評価も踏まえて検討していきます（図13-3-1）。

　製品コンセプトはポジティブサイドの概念が強く出る傾向にあります。しかしネガティブサイドの概念も大切に検討します。ネガティブサイドの概念からポジティブサイドで強く突出させたい優先順位の高い概念の対概念を省くことで、ポジティブサイドの概念の純度が上がり、結果として製品コンセプトの純度が上がることでレバレッジを強く掛けることができるからです。

　そしてこれらのポジティブ評価とネガティブ評価の中で、ブランディング上でCIやBIにふさわしい項目と望ましくない項目を評価していきます。

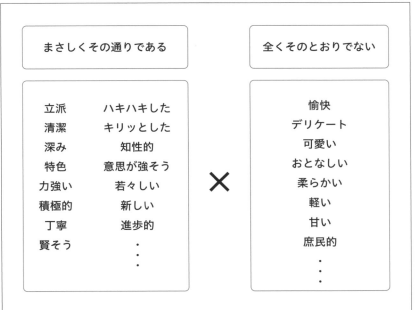

図13-3-1

4.（A3）製品コンセプト評価

　アイデンティティ評価の３番目は、ポジショニング評価で洗い出した製品はポジショニングを的確に表現できているか、ブランディング評価で洗い出した製品は背景となるBIやCIは適切に表現しているか、という製品の骨格部分の評価項目に加え、プロジェクト特有の突出させたい概念とその優先順位が的確に表現できているか、というプロジェクトで特別に付加した製品コンセプトの評価項目を加えていきます。

　ここで欲しい評価項目は、プロジェクトの持つ製品コンセプトに従ったデザインのレバレッジ（テコの原理）が最大化されているかどうか、その効果の度合いを評価します。

4-1. 製品コンセプトから６概念一覧表を作る

　いままでアイデンティティ評価で求めたポジショニングとブランディングで求めてきた概念を、6つの概念枠ごとに分類して表にします（表13-4-1）。

　ここで概念表を作る際のポイントは立派、清潔、深み・・・デリケートでない、進歩的、など6つの概念枠の一つの枠だけに割り振れない概念については複数の概念枠に共存させて構わないというところです。立派という概念は大きさや重さといった実体概念を内包し、形やカラー、質感といった形態概念も内包するからです。

　また複数の概念がトレードオフの関係になってしまうこともあり得ます。これらは両方とも欠かせない評価項目ですからジレンマの関係になっても共存させておきましょう。これらはあまり悩まずに割り付けていくことがポイントです。

　またこのように概念を洗い出す作業はデザイナーを含めプロジェクトメンバー全員で行うべきで、一覧表は様々な価値観を取り入れて作った方がイメージの総量を増やすことができます。

表13-4-1

実体概念	機能概念	属性概念	価格概念	形態概念	抽象概念
立派 清潔 携帯したい プロツール 描きやすさ最優先 をアピール 大きめのサイズ感 付属品のペンでは 満足できない 目立つ特徴を高品 質で欲しい デリケートでない ・ ・ ・	高機能なペン 多機能ペン 高性能ペン デジタイザペン 携帯したい 液晶タブレットと コーディネート プロツール 描きやすさ最優先 をアピール 付属品のペンでは 満足できない 目立つ特徴を高品 質で欲しい デリケートでない ・ ・ ・	高機能なペン 多機能ペン 高性能ペン デジタイザペン 作画を 生業にしている プロフェッショナ ル アトリエを 持っている アーティスト アトリエの外でも 描きたい 付属品のペンでは 満足できない 目立つ特徴を高品 質で欲しい 周囲も認める高い ブランド性 デリケートでない 庶民的でない ・ ・ ・	プロツール 描きやすさ最優先 をアピール 付属品のペンでは 満足できない コスト高も 許容する 目立つ特徴を高品 質で欲しい 周囲も認める高い ブランド性 ・ ・ ・	立派 清潔 深み 特色 力強い 積極的 丁寧 賢そう ハキハキした キリッとした 知性的 意思が強そう ファンにカッコい いと思われたい 携帯したい 液晶タブレットと コーディネート プロツール 描きやすさ最優先 をアピール 大きめのサイズ感 付属品のペンでは 満足できない 目立つ特徴を高品 質で欲しい 周囲も認める高い ブランド性 若々しい 新しい 進歩的 愉快でない 可愛くない 柔らかくない 軽くない 甘くない ・ ・ ・	立派 清潔 深み 特色 力強い 積極的 丁寧 賢そう ハキハキした キリッとした 知性的 意思が強そう ファンにカッコい いと思われたい 同業者から 一目置かれたい 付属品のペンでは 満足できない 高い審美眼を 顕示したい 創造性を 顕示したい 目立つ特徴を高品 質で欲しい 周囲も認める高い ブランド性 若々しい 新しい 進歩的 愉快でない デリケートでない 可愛くない おとなしくない 柔らかくない 軽くない 甘くない 庶民的でない ・ ・ ・

　メンバー全員で6概念一覧表を作る際に、どう考えてもプロジェクトにふさわしくない概念が入り込むことが起こり得ます。このようにふさわしくない概念が入る理由は、その概念を提示した担当者の価値観が他のメンバーと異なるからです。その概念提示が他のメンバーよりも連想の次元が進んでいる場合には、非常に面白いレバレッジを生み出すことがあるので一覧表に取り入れて良いのですが、あきらかに概念を履き違えているようであれば割愛しましょう。これらもデザインディレクターの仕事ですから、理由もしっかりと説明し採否を明確にしていきます。

4-2.6概念一覧表から優先順位を付ける

　この6概念一覧表を元に各概念に優先順位を付けていきます（表13-4-2）。

　この優先順位を付ける際はデザインディレクターが責任を持って優先順位を決めていきます。

　概念に優先順位を付けていく目的は製品のアイデンティティを評価するための序列を作ることですから、順位が同着ということは避けて、重み付けを変えながらはっきりと順位を付けていくことが求められます。

　プロジェクトの効果を最大化するために、評価項目となる概念の優先順位を変えることでレバレッジをさらに大きくできないかを検討していきます。

　一覧を作った際に複数の概念がトレードオフの関係になってしまう場合があり、これらは両方とも欠かせない評価項目でジレンマの関係として共存させておくべきと記しましたが、ジレンマへの対応はこの作表で行う優先順位をつける作業により解消します。2つの概念をポジティブな面とネガティブな面に分け、各々を比較しプロジェクトにより相応しい方を高い優先順位に置いていきます。

　このようにジレンマに陥ったときの優先順位の作り方において、例えばエシカルな方向へ向かうべきというベクトルと、もっと利益が取れるという方向の誘惑は、双方とも魅力的で甲乙をつけがたくなることがあります。その際はあくまでもプロジェクトの範囲で考える内容なのか、CIやBIとして考えることなのかを分けて判断することが必要です。

　これでプロジェクトにおける製品が持つべき6概念判断基準表ができました。前述のように、デザインディレクターがプロジェクトの責任者として優先順位を決め基準表を作り、メンバーに説明していきます。その際にいろいろな意見が出ると思いますが、それらを全て採用することは無理ですから、評価項目に評価種別と評価基準を決めるのはディレクターの責任において成されることを宣言しておきましょう。

表13-4-2

優先順位	実体概念	機能概念	属性概念	価格概念	形態概念	抽象概念
1	描画に適したペン芯径	握りやすいグリップと操作性の良い重心	アトリエを持つプロフェッショナルツール	コストを惜しまない	ミニマルな面構成かっちりと端正にシンプルな面の流れ	みんなが使っているペンの遥か上をいく存在感
2	一般線引ペンに近いサイズ感と重さ	スムーズな筆圧対応と押しやすいショートカットボタン	周囲のプロが認める高いブランド性	描きやすさ最優先	離れて見ても認知されやすい造形ポイント	こんな凄いペンを使っているクリエイターはすごい人と想起する
3	描画しやすいペン先角度	スムーズな接続	デジタイザプレミアアムポジション	目立つ特徴を高い質感で実現	プレミアムな質感	買い増し需要喚起
4	・・	・・	・・	・・	・・	・・
・・	・・	・・	・・	・・	・・	・・

　以上、アイデンティティ評価（特徴点評価）の評価項目について2次評価項目3項に分けて説明しました。実際にデザインを判断する際はさらにブレークダウンした評価項目を用いてデザイン計画とのズレを検証するという形で判断していきます。実際の事例については第16章で詳述していきます。

デザインディレクターとして作図の練習

　様々なデザインにおいて、企画案を目に見える形に具現化するためには、企画者であるビジネスパーソンも自分の意図をデザイナーへ伝えるために、簡単でラフなスケッチであっても描けた方がコミュニケーションが円滑に進みます。そのためにはどのくらいのレベルの絵が描けるべきか？考えてみましょう。

　まずは簡単な図としてポンチ絵というものがあります。概略図や構想図とも呼びスケッチの下書きとして作成するものです。機械系エンジニアの方は描き慣れているかもしれません。

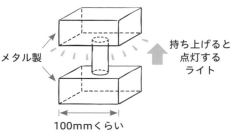

メタル製

持ち上げると
点灯する
ライト

100mmくらい

図：ポンチ絵の例

　このポンチ絵のルールは線画であること、デッサンのように薄い線を何本も重ねて描くと形状を表す線がどれか分からなくなりますから一本線で描くことが大事です。

　斜め上からの視点で描くのが本来の描き方です。Ｘ方向とＹ方向は基線から30°で描くことが基本で、隠れていて見えない線は破線（点線）で描きます。各部の名称や寸法、材質、など伝えたい内容は引き出し線を描いて直接記入していきます。

　これは図面の一種でスケッチではないので、遠近法は使わないのが普通です。ですから見た目はちょっと不自然ですが情報は十分伝わります。

　この程度の図も普段から全く描いていないと難しく感じるかも知れませんが、まず線を真っ直ぐに引く練習を行い、正方形を一筆書きで始点と終点が揃えることを意識して描き、円を描く練習をするとだんだんうまくなります。ポンチ絵がうまくなってきたら遠近法を取り入れたスケッチへ進みましょう。

第14章

ユーザビリティ評価

1. ユーザビリティ評価とは

　ユーザビリティ評価とは製品の使い勝手を評価することで、製品にデザインとして付与した認知性・操作性・快適性が、想定したユーザーを満足させられているかを評価します。アイデンティティ評価と同様、これらの三項目はそれぞれが単独で存在しているわけではありません。更に詳細な評価項目の洗い出しのために分解して考えていますので三項目は相互に深く作用しあっています。そのため評価には総合的な判断が必要となります。

1-1. アフォーダンスとシグニファイア

　ユーザビリティ評価をする際に重要となる考え方、アフォーダンスとシグニファイアについて説明します。

　この製品はユーザーが「何をするものなのか（以降ユーティリティ）」という「問い」に対し製品側から示す可能性としての手がかりが**アフォーダンス**です。その結果としてデザインで用意した、ユーザーに対する「どう使うのか」という認知の手がかりとなる合図が**シグニファイア**です。

　広辞苑によれば「アフォーダンス」は「【affordance】（affordは「与える」「提供する」の意）環境や事物が、それに働きかけようとする人や動物に対して与える価値のある情報。アメリカの心理学者ギブソン（J. Gibson1904〜1979）の用語」とあり、-anceを語尾につけて名詞化しています。このアフォーダンスは人に対して知覚として刺激を与える側、つまり製品側の情報に限定して使う用語です。

　対してシグニファイアはアフォーダンスという刺激を受けたユーザーが製品を使うため自身が持っている情動・百科事典的知識・イメージスキーマを活用して得た結果として、製品とのインタラクションとなる認知（情報）を指しています。つまりユーザー側の情報認知に限定し

て使う用語です。

　本項では一連の製品から発せられるアフォーダンスのなかで、適切なアフォーダンスとユーザーに混乱を与える余計なアフォーダンスがデザインによって制御できているかという評価と、ユーザーに適切な認知を与えるシグニファイアがデザインされ、快適な使い心地を実現できているか評価するための種別と基準づくりについて考えます（図14-1-1）。

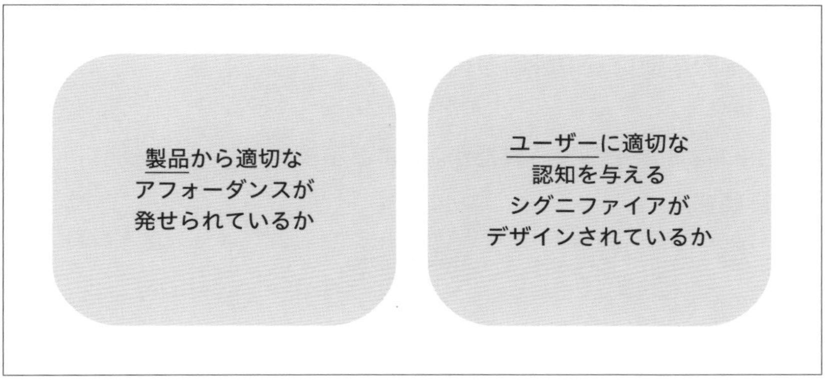

図14-1-1
ユーザビリティ評価

1-2. 一般的なユーザビリティの評価基準

　ユーザビリティを評価したい製品は、該当する製品のデジタル化により種類が増え続けています。例えばアナログの体重計はユーザーが体重計に乗るだけで体重が測れました。ユーザビリティを気にするところは「アナログ指針のゼロ調整が簡単にできるか」くらいしかありませんでした。しかし現在の体重計はスマートフォンとデータ共有する機能が搭載されるなどデジタル・インターフェースが搭載され、一定水準以上のデジタルリテラシを持っていないと使いこなせなくなってきました。

　このようなUIの進歩、付加機能の追加に応じて、今もインターフェースをどのように切り分けるかという議論が続いているようです。ここではハードウエアを含めユーザー工学を提唱される『ユーザビリティ・テスティング』（黒須正明編著）より、ISO（国際標準化機構）により定められたISO9241-11をもとに、まずはユーザビリティという概

念を考えていきます。

　このISOではユーザビリティとは以下の三項からなるとしています。

- 有効さ（effectiveness）
  ユーザーが指定された目標を達成する上での正確さと完全さを評価する
- 効率（efficiency）
  ユーザーが目標を達成する際に、正確かつ完全に実行するために費やしたリソースの効率的な使い方の評価を行う
- 満足度（satisfaction）
  製品使用に対しての肯定的な印象を与えられたか。および不快なことがなかったかを評価する

　これらの有効さ・効率・満足度はユーザビリティの性能を表した評価する項目です。

　しかし本書では、デザインがユーザビリティに与えた使い勝手を評価する項目について考えていますから、デザイン評価の段階では、製品をかたち作る諸要素全てがユーザビリティに対して最適解になっているかを評価する必要があります。

　そのためUIを構成しているデザイン要素に視点を移し、それらが認知性、操作性、快適性という概念を満たしているかを評価項目として用います。

1-3. ユーザビリティを生み出す3つのポイントとその関係

「B1」認知性評価

　製品を使う際に製品のアフォーダンスは適切か、またユーザーが製品を使う際に、製品とのインタラクションを導くための合図となるUIのデザイン（以降シグニファイア）はわかりやすく表現されているか。

「B2」操作性評価

　製品デザインがUIを操作する際に適切な操作性を有しているかを評価する。一連の操作の流れ（以降シーケンス）を含みユーザーへのフィードバックの適切さも含め評価する。

「B3」快適性評価

　製品デザインがハードウエア、ソフトウエア共にユーザーが製品を使った結果、製品を自身の認知下で完璧に制御できたか。また製品を使った際のUIやインタラクションにユーザーがバグと感じる事象はなかったか。

　ここで言うバグとは製品を使用する際の認知や操作でユーザーが想定した製品の操作スキーマに対し、違和感のある認知や操作を求められた時に発生する違和感を指します。この違和感は製品のデザイン時に作り手側が想定しているスキーマにユーザーのスキーマとの齟齬があることによって発生します。強い違和感は不快感となり、製品のユーザビリティにとって大きな負の評価になります。

認知性と操作性と同様に快適性を重視する

　ユーザビリティ（使い勝手評価）における快適性評価とは「製品の使い心地」を評価することです。認知性と操作性が良いという評価だけでは前述した「有効さ」と「効率」の部分しか評価できません。
　製品に対してユーザーは、何ができるかというユーティリティ（利便性）と性能だけを求めているわけではありません。それはユーザビリティにも当てはまり、その製品を使えれば良いということではありません。
　製品が認知性が良い明確なシグニファイアを持ち、認識しやすい合理的な操作性を持つシーケンスと、的確なフィードバックが与えられていなければ快適性は向上しません。認知性と操作性だけが適切であれば満足する製品は、単に使えることだけを求める工場などにある産業用装置です。現在ではこれらの装置も以前に比べ使い勝手を考慮されるようになりましたが、製品の性格上、多少認知性や操作性が悪く

ても機能をどうしても使いたいというユーザーの強いモチベーションがある限り、ユーティリティ重視であることは変わらないでしょう。

　本書では一般ユーザーが日常生活で使う製品を念頭に記していますから、使い心地を評価する場合、製品を自身の認知下でどの程度まで制御できたのか、またUIやインタラクションに認知を妨げるデザインやシーケンスにもバグと感じる部分がなかったかという快適性の評価が必要となります。

　快適性は先に説明したアイデンティティ評価（特徴点評価）や、後で説明するクオリティ評価（作り込み評価）によって決まる因子の影響が大きく相互作用を生みますから、これらの評価を含めて、本書では快適性という評価項目を用いたいと思います。

2. プロジェクトの段階に応じた ユーザビリティ評価

　ユーザビリティは実際にリアルなサイズのUIと、操作シーケンスを用いた評価でなければ正確な評価はできません。デザイン開発を行っている段階でのユーザビリティ評価は、プロジェクトが既存製品のUIを持ち越しで採用するのか、またはプロジェクトで新たなUIを採用するのかで大きく変わってきます。

　またユーザビリティ評価はチェックリストとの相性が良いことが特徴です。その理由はユーザビリティとは製品のユーティリティを認知したのち、カテゴリーごとに周知された操作スキーマを参照して作られることが一般的だからです。カテゴリーごとに周知された操作スキーマとは、想定しているユーザーが共有しデファクトスタンダードとなったUIとシーケンスを基本としていますから、このデファクトスタンダードとして周知された操作スキーマとの差異をチェックしていくことで一定のユーザビリティの評価ができるためです。

　このユーザビリティの評価チェックリストの代表例を本章末に掲載いたします。

2-1. デザインアイデア選別ステップ

　加えてデザインの開発段階のステップによっても、ユーザビリティ評価の目的は大きく変わってきます。

　例えばデザイナーが自身でアイデアを練っているステップでは、アイデアスケッチに主だったインターフェースをおおよそのサイズで配置し、ユーザーの手指など操作シーンのスケッチを描いたり、スケッチを実寸で描いてインターフェース部分のごく簡単なラピッドモックアップを作り、製品全体のサイズ感の検討として自ら操作のシミュレーションを行い、デザイナー自身でデザインアイデアの選別へ向けてデザイン案を絞ってもらいます。

このステップにおけるユーザビリティ評価とは、ユーザーが製品を初めて見た際のユーザーの認知をトレースしていくことです。ユーザーは「この製品はいったい何をするものなのか」、という「問い」を持ち、ユーザーは製品全体の佇まいから一番目立つ部分に視線を経由し、製品側から可能性を示す手がかりであるアフォーダンスを得て、それらアフォーダンスの中から触れても良さそうな（フィードフォワードしている）部分となるシグニファイアを見つけるという手順で製品を認知します。

　まず製品をユーザーが知覚したとき、アピアランスが先のアイデンティティ評価で用いた6概念（実体概念、機能概念、属性概念、価格概念、形態概念、抽象概念）による既存カテゴリーに即した製品であれば、すぐにユーザーはその製品のユーティリティを既知とするはずですが、既存カテゴリーに即していないアピアランスの製品であった場合、ユーザーは何ができるかという可能性を製品のアピアランスから想像し、手がかりを捜します。

　この、触れて良さそうな部分が製品のインターフェースの入り口であれば、ユーザーは迷わずに製品を使い始めることができますから、ユーザビリティを良くしたいと考えている製品に対しては適切なシグニファイアを持つことが重要な評価項目になります。

　対して、ユーザーはどこをさわって良いのか全くわからないものに関して、不気味に感じてさわらない可能性があります。ですからユーザビリティ評価とは、製品が発するアフォーダンスの適切さと、まずさわってみようと思えるシグニファイアを有しているかを評価することを目的としてデザインアイデア選別を行います。

　これら一連のフィードフォワード・操作するUI・フィードバックが、製品としてデザイン三条件に適合しているかを基にアイデアを選別していきます。

2-2. デザイン評価ステップ

　次いでデザイン評価のステップでは、シーケンスのないプリミティブな道具においては、適切なアフォーダンスとシグニファイアを持つデザイン案としてグリップなどUIの太さや重さ重心、適切なカラーや触感を与えているかなどを評価します。

　またシーケンスを持つ製品については、デザイン案が持つ適切なアフォーダンスとシグニファイアに、アプリケーションによるUIやGUI*によるデザインを評価するステップです。

　設定された操作手順に従って操作を行い、操作の結果を何らかのフィードバックとして受けることでユーザビリティは完結します。デバイスとなるハードウエアの操作をシミュレーションするため、シーケンスの主だったモードのプロトタイピングモデルを紙やPCアプリにより原寸で制作し、フィードフォワード・UI・フィードバックの大きさ・配置・形態・カラー・質感の認知性・操作性・快適性を評価することにより、より良いユーザビリティの実現を検討していきます。ハードウエアを変更するのはこのステップが最後のチャンスです。

*GUI
グラフィカルユーザーインターフェースの略。操作要素を図形や描いたボタンなどで示し、マウスなどで選択・操作するコンピュータを操作する方法のひとつ。

2-3. デザイン修正から決定ステップ

　デザイン修正からデザイン決定を行うこのステップでは、ユーザビリティの調整段階であるためハードウエアを変更するようなことは通常できません。そのためデザイン評価ステップで決めたプロジェクトの基礎デザインのユーザビリティの最適化を目指して、正確なモックアップとプロトタイピングモデルを制作し、UIの表現方法を吟味しながら、最も価値にレバレッジが掛かるよう表現やカラーなどを吟味して、必要なUIやシーケンスの変更と修正を行い調整することを目標とします。

　このあとは、シーケンスのある製品ではプログラムの実装とデバッグを行いながら、フィードフォワードとフィードバックを微調整し、デザイン仕様のユーザビリティは最終決定されます。

3. （B1）認知性評価

3-1. 認知性評価のポイント

　製品を使う際に必要な操作を行うため、製品を知覚しどのように認知するかを評価します。前述の通り製品が発するアフォーダンスは適切か、冗長になっていたり、混乱を引き起こすようなアフォーダンスはないかを評価していきます。シグニファイアは的確にデザインされているか、UIは認知しやすいかを評価します。

　評価する認知性とは、製品を使う際に製品が持つアフォーダンスが、製品を使うためのインターフェースであるシグニファイアへ適切に誘導しているか、またシグニファイアがその後の操作を適切に誘導しているかの2点が評価のポイントになります。

> ・デザインはアフォーダンスを分かりやすくコントロールしているか
> ・分かりやすいシグニファイアがデザインされているか

　そしてソフトウエア実装に向けてフロントエンドのデザイン評価を行うため、全てのモードのプロトタイピングモデルを作る段階では、想定するユーザーの使い方（ユニバーサルデザインを必要とするユーザーや高齢者・幼児などは特に注意が必要です）を勘案し、シミュレータでテストを行った後、実製品と同等のインターフェースを実装した試作品で様々な実使用を想定した認知性の評価を行います。

3-2. デザインはアフォーダンスを
　分かりやすくコントロールしているか

　製品デザインが生み出したアフォーダンスを全て洗い出し、ユーザーに製品の適切な使用方法の認知を与えるポジティブなアフォーダンスと、不適切な認知を誘引するネガティブなアフォーダンスに分けていきます。

　ポジティブなアフォーダンスとは、製品を使うために製品に用意したシグニファイアとなるインターフェースへユーザーを迷わずに導き向かわせるアフォーダンスを指します。

　ここではわかりやすくするために単機能な製品であるハンマー図14-3-1を例にします。ユーザーは迷わずに木材製と思われるグリップ部を持ち、ヘッド部分で釘を打つ既視感のあるハンマーと認識します。鉄の塊であるヘッドは、ユーザーに対して鉄をむき出しにしてヘッド部の硬さと重さと冷たさをアフォードしていて、インターフェースとしてユーザーが握るところではないことをアピールしています。対して木材で作られたグリップ部は手に優しく冷感を感じないであろうというアフォードと、手で握るのに適した太さであることをユーザーに主張し、総合的にユーザーに「グリップ部を持って」と認知を与え（アフォードして）ています。対してネガティブなアフォーダンスとは、製品を使うために製品に用意したシグニファイアとなるインターフェースに、ユーザーの視線や動線を向かわせないようにするアフォーダンスを指しますから、ハンマーの例では不適切なアフォーダンスはありません。

図14-3-1

3-3. シグニファイアは
　　　分かりやすくデザインされているか

　ハンマーの例は単純なのでアフォーダンス＝シグニファイアになりますが、形状・色・質感が変われば次のようなことが起き得ます。図14-3-2を見てください。

　この製品をどう使うのかユーザーは迷うでしょう。ヘッド部に木目をプリントし、持ち手を鉄製に見せるテクスチャーにしています。形状からハンマーかなと思っても、どこを持つのか直感では分からないことが想定されます。

　ハンマーの例と同様に、大きさ、重さも過度にデザインするとユーザーに間違ったアフォーダンスを発信してしまいます。例えば、ユーザーの想定より非常に重い製品を作ってしまった場合、ユーザーが製品を移動させようと持ち上げた際に予想以上に重くバランスを失って製品を落下させてしまい事故につながることが懸念されます。このように重いモノはユーザーに「重いぞ」と知覚してもらうアフォーダンスが必要です。またその際に重心の偏りを考慮することも大切です。重心が偏った製品を、ユーザーへのアフォードを考慮せずに作ってしまうと、ユーザーがそのことに気づけずに持ち上げてしまい、製品を落としてしまうという事故を誘引しますから、重心も評価項目に入れる必要があります。

　これもユーザビリティという使い勝手を満足するために必要な項目のチェックリストを用意し、漏れることのないように注意しましょう。

図14-3-2

4.（B2）操作性評価

4-1. 操作性評価のポイント

　製品のUIとシーケンスのデザインは、製品を操作する上で適切かを評価します。

　UIは前述の通りユーザーインターフェースの略称で、インターフェースとは広辞苑では「機器や装置が他の機器や装置などと交信し、制御を行う接続部分のこと。特にコンピュータと周辺機器の接続部分、コンピュータと人間の接点を表す。（マン・マシン−）」とあり、本書でも人と製品の接点をUIとして記していきます。人と製品の接点は、ユーザーが製品に何らかの所定の機能が働くことを求めて操作する部分で、製品を使う時に握るグリップや、ドアの開閉のために押し引きするハンドルやノブ、また操作にシーケンスを持つ製品では、操作するためのボタンやキー、ダイヤルなどです。さらに操作を促すフィードフォワードと、操作した結果を戻すフィードバックなどUIは製品によって多岐に渡ります。

　本書ではシーケンスを「製品の操作を目的に、インターフェースを用いてフィードフォワードを認知しながら操作を行い、製品のインタラクションのフィードバックを受けるという一連の流れ」を指す際に使用します。

　デザインディレクションをするうえで操作性を評価するには、操作するインターフェースそのもののハードウエアとしての評価と、シーケンスのわかりやすさを含めたソフトウエアとしての評価があります。

- 操作するインターフェースをハードウエアとして評価する
- シーケンスを含めたソフトウエアとして評価する

4-2. ハードウエアとしての評価

　ここでは実際にユーザーがインターフェースを使って操作を行うことを評価しますから、ユーザーが持ち上げて振り下ろすというハンマーのように操作が単純な製品では、グリップが滑りやすくないかといった点だけでなく製品の重心点などもUIの評価項目となります。

　様々な機能や選択肢を持つ製品であれば、インターフェースであるシグニファイアとしてのフィードフォワードが認知しやすいかという認知性評価の次に、操作部分の物理的な数・サイズ・形態・カラー・質感が認知しやすく操作しやすいかという点、操作の作動量や重さなどユーザーが操作していることを知覚できるフィードバックが認知しやすいか、などを個別かつ総合的に評価することが大切な評価基準になります。

　このためにはアイデアスケッチ段階でも頭の中の想像だけで済ませずに、インターフェースを簡単なラピッドモックアップとして作成し、実際のサイズでの操作をシミュレーションすることが大事です。

　できれば想定するユーザーに近いクラスターの被験者を集め、ラピッドモックアップを操作している様子を観察できるようにすれば、さらに精度が上がります。

　操作性を良くするためといっても、製品のサイズを越えてインターフェースの数は増やせません。またヒューマンスケールを無視してインターフェースのサイズをどんどん小さくしていくことにも限界がありますから、プロポーションやバランスが大切なポイントになります。

4-3. ソフトウエアとしての評価

　シーケンスを必要とする製品の場合、ユーザーに自身が操作している内容を逐次認識してもらう必要から、事前に製品の操作の手順をユーザーに伝え、自らその先の遷移を想定してもらうためのフィードフォワードが必要になります。

　このためインターフェースの操作位置を視覚に訴えるグラフィックやライト、または画面による案内、聴覚に訴える方法や触覚に訴える方法などを用意します。そのためこれらの評価項目を作る必要があります。

　また操作した結果をユーザーに認識してもらうためのフィードバックとして、変化した製品の状態をユーザーの視覚に訴えるためにフィードフォワードと同様にグラフィック、ライト、画面による案内、聴覚に訴える操作音、触覚に訴えるクリック感など、ユーザー認知の表現方法と認知しやすさについても操作性の評価項目として作っていきます。

　製品のUIがグラフィカル・ユーザー・インターフェース（GUI）になると操作性の評価項目は大きく変化します。理由はインターフェースとなるグラフィックモチーフの形態・カラー・サイズなど変えて表現できる組み合わせが自在になり、UIとシーケンスの自由度が飛躍的に高まり、評価する項目も非常に多くなります。

　このように大切な操作性評価ですが、製品のサイズを自在に変更できるわけではありませんから、製品の実体概念や機能概念に大きな影響を与え、結果として操作性は認知性とトレードオフの関係になることがあります。

　そのため認知性評価の項でも記しましたが、アイデアスケッチ段階から主要なUI部分の認知性と操作性の関係を確認することが大切で、UIとして用意できる手段とそのサイズをラピッドモックアップで検証することと合わせ、主要なモード遷移だけでも操作によって変化するシーケンスやUIを原寸大で書いたペーパープロトタイピングモデル（シミュレーターならなお良い）で作成し、実際の操作をシミュレーションして確認することが大事です。

　こちらも想定されるユーザーと近いクラスターの被験者を集め、ラピッドモックアップとペーパープロトタイピングモデルを操作している様子を観察して評価の精度を上げていきましょう。

5.（B3）快適性評価

製品デザインは認知性・操作性などを介して快適*な使い勝手を実現しているかについて評価します。

つまりユーザビリティ評価の（B1）認知性と（B2）操作性を合わせたUIが、製品を使ったユーザーに「使い方がわかりやすく、製品の仕組みと働きの具合が良く、使った後に良い製品だと感じた」というふうに製品に対する捉え方が肯定的になっているかを評価することです。

5-1. 快適性の評価項目

ハードウエアとソフトウエアが生み出すUIとシーケンスを用いて、ユーザーが製品を使った結果、ユーザー自身の認知の下で製品を完璧に制御できたと感じてもらうことはとても重要です。製品を完璧に制御できたと感じたとき、ユーザーは真に製品を支配したと感じ満足感を得ます。この満足感は製品に対する愛着を生み、やがて製品の母集団であるブランドのファンになってもらえる可能性を高めます。

一般的に使われる製品でユーザビリティが難しいものとしてコンピュータがあります。コンピュータは機能やUIの設定をプログラミングで行いますから、様々な仕様を任意に設定できます。この設定方法が製品の制作サイドとユーザーとの間で共通のイメージ・スキーマにより構成されていれば設定は簡単にでき、操作も簡単に行なえますが、スキーマが異なる場合はユーザーに迷いが生じ、なかなか設定ができないという事態を招きます。このイメージスキーマとは推論のパターンを指し、例えば制作サイドは増減の設定をカーソルキーの文字列順をイメージして左右で操作を行うというスキーマに依拠して制作したのに対し、ユーザーはカーソルキーの増減は物質量の多寡である高いか低いかをイメージして上下で設定するというスキーマを元に操作を行った場合です。ユーザーは上下のカーソルキーを押しますが、

*
「快適」とは広辞苑で「具合が良くて気持のよいこと」とあります。
「具合」とは広辞苑で「(1)物事のしくみやはたらきの状態。調子。また特に、健康の状態。かげん。以下略 (2) 物事のやり方。方法。また、できあがった様子。以下略」とあります。

制作側のスキーマ設定は左右のカーソルキーになっているため、ユーザーはイメージ通りのシーケンスで動作せず設定が思うようにできない、ということが発生します。自社製品の中で設定する因子の増減設定のような同一のイメージスキーマは必ず上下または左右にするというように一貫性を保つことも非常に大切です。

　前述のとおり、この問題は産業機器などプロ用製品であれば、ユーザーは機能や性能重視で製品を使わなければ仕事にならないという強い動機がありますから、ユーザーがリテラシーを上げる努力をするというユーザー側の課題として許容されます。しかし一般の民生品ではこの問題をユーザー側のリテラシーの問題と片付けることはできません。

　なぜならユーザーが自身の持つリテラシーに自信を持っている場合「メーカーの仕様設定はおかしい」と考え、リテラシーに自信のないユーザーは自身のリテラシーを卑下してしまい、私にはこの製品は使いこなせない、と使用を諦めさせてしまう結果となります。どちらにしても製品は潜在的なクレームを抱えることになり、製品のブランドファンになってもらうどころか真逆の効果をユーザーに与え、CI・BIを著しく毀損する危険性を持つからです。

　このように、ユーザーが製品の使い勝手に満足したかを評価するのが快適性の評価です。

　ユーザビリティの快適性を評価するためにデザインディレクションをするうえでのポイントは、「認知性と操作性から生まれたUIと、全体のデザイン要素との優先順位は適切か」ということになります。

　また先述のように適合しているかというポジティブな面の評価に併せて、「バグはないか」というノン・ネガティブな評価も行う必要があります。

　デザインディレクターはこれらの優先順位を決めなければいけませんが、その際に評価する項目は製品コンセプトとの適合度合いで以下の3点になります。

- ユーザビリティ要素の優先順位は適切か評価する
- デファクト製品の操作スキーマとのズレを評価する
- ユーザビリティがアイデンティティ評価やクオリティ評価上においても肯定的か評価する

5-2. ユーザビリティ要素の優先順位は適切か

　ユーザーは製品に新しい機能が追加（ユーティリティの変化）された際などに、その新たな機能に興味を持ち製品を手にします。そしてその機能の使い勝手はどうかを確認します。この使い勝手についての評価は日々厳しくなっています。ユーザーはスマートフォンのアプリケーションが、ほぼ同じ機能の製品同士であってもユーザビリティの違いにより快適性に天と地ほどの差があることを日々体感することで学んでいるからです。ユーザーは今まで使った他の製品と比較し快適かどうかを細かく比較評価することにどんどん長けてきて、操作性がアプリケーション選択基準の上位にくるようになりました。

　ユーザビリティはより使いやすい方が望ましい望大特性ですが、製品によってはユーザビリティ要素同士がトレードオフの関係に陥ります。

　例えばデジタルウオッチ「通常の手首に乗る腕時計のサイズにしたい」というプロジェクトで、「操作性を良くするためボタンサイズを大きくしたい」としても、配置できるボタンの数もサイズも限られています。さらに同じ製品サイズのなかで「表示もできる限り大きくして認知性を上げたい」という希望が当然のように出てきます。この「製品サイズ・ボタンサイズ・画面サイズ」とトリレンマ*の関係はどれも犠牲にできない大切な要素ですから、いくら大切なUIでも全ての因子に対して大型化を許すわけには行かず、優先順位を付けて判断するしかありません。

*トリレンマ
3つの相反する関係

　このように、製品の中でも認知性と操作性はインターフェースの優先順位の付け方で快適性を大きく変えますから、この優先順位が的確かという評価が快適性の評価につながります。

5-3. デファクト製品の操作スキーマとのズレ

　製品の使い勝手をあげるために認知性と操作性を上げていきますが、その際にデザインサイドにおいて該当製品カテゴリーではユーザビリティの常識と思っているスキーマが、ユーザーへどのくらい好意的に受け入れられているかを確認する必要があります。同一カテゴリー

で強いデファクト製品があれば、その製品と操作の基となるスキーマが同じ場合、ユーザーの受容性に対する課題はなくなります。スキーマが異なる場合は受容性の評価が必要になります。

　ビデオゲーム機を例にとると、プレイステーション（以降プレステ）を使っているユーザーは14個のキーと2つのジョイスティックを操ってゲームを楽しめますが、任天堂の初代コンピュータゲームのファミコンしか遊んだことのないユーザーは6つのボタン操作しか経験がないためプレステはうまく使えない製品となってしまいます。ゲーム操作の即時性を高めるためランダム操作が求められた結果ボタン数が大幅に増えた例ですが、ゲームはユーザーがリテラシーを上げることを楽しむという側面を持ちますから、ゲームに魅力を感じることで頑張ってUIを受け入れるための練習を行ってくれますが、リテラシーが上がるまでは使えません。

　また単純な例では、ボタンに「設定」と標記されている場合、シニフィアン*として書かれた「設定」のシニフィエ*は何になるのかといった問題です。「設定を始めるためのボタン」なのか、「変数を入力した後に数値を確定するボタン」なのか、メーカーごとやカテゴリーごとにまちまちでユーザーを悩ませます。

*シニフィアン
表象

*シニフィエ
意味すること

　このように、ユーザーは製品を使う時「この種の製品はこのように設定する」と自身の経験から持っているスキーマを参照して操作方法を類推して操作します。その際、前述のユーザーリテラシーの項と同様に、リテラシーの高いユーザーはスキーマが当該製品のスキーマと合わない場合は、持っている経験がある複数のスキーマで試してくれます。しかしユーザーの想定どおりに製品が動作しない場合、ユーザーはその製品を作ったメーカーやデザイナーは常識がズレていると判断し、ユーザーはそのメーカー、ブランドの製品に対して強い負の印象を抱きます。このようなことが起きないように、デファクト製品となっている操作方法との差を確認することは非常に大切です。このように記していますが、新しいスキーマを持ったユーザビリティを提案してはいけないということではありません。製品のユーティリティの進歩は日進月歩で、プロジェクトで革新的な製品コンセプトの開発を行った場合、革新的なUIは必然でもありますから、このような提案であればデザインディレクターとして積極的に推進していくことも大切です。

5-4. ユーザビリティがアイデンティティ評価や クオリティ評価上においても肯定的か

　ユーザビリティ評価におけるUIやシーケンスが、アイデンティティ評価内でポジショニング・ブランディング・製品コンセプトを評価する評価項目と、後述するデザインクオリティ評価内において、オリジナリティ・デザインポリシー・デザイン洗練度を評価する評価項目のすべてに対して肯定的に捉えられたかを判断します。

　肯定的なユーザビリティとは、操作を行い目標を達成するまでにユーザーが感覚として受け取り認知した全てのフィードフォワードとフィードバックの印象が良いということです。

　デザインディレクションをするうえで、ユーザーが使用後も肯定的な印象を持ち続けるかどうかを評価するには、ハードウエアをユーザーがどのように評価したか、という課題と、シーケンスのわかりやすさを含めたソフトウエアがユーザーにどのような感情を想起させたかの2つがポイントになります。

　例えばスポーツブランドで操作性の高さを製品コンセプトに謳っている製品であれば、ユーザビリティの優先順位は高く、インターフェースはユーザーに認知されやすい場所にコントラストの強いカラーで配置され、かつ操作性の良い大きなボタンを持つように配されるべきです。同様にオリジナリティの高さを謳うブランドであれば、コンペチタとは違うオリジナリティのあるユーザビリティを持たせるために、シーケンス上すべてでオリジナリティ溢れるイメージで統一されることが期待されます。

　どんなにユーザビリティ重視の製品であっても、製品がプレミアムなブランドであればブランドイメージの表現を重視することが必要となりますから、ブランドでは決して使わないカラーや素材などは使用しないなど、BI確保のために制約が発生することになり、優先順位が変わります。

　これらの優先順位を整理し、明確な評価基準に従って判断することがデザインディレクターには求められます。

6. ユーザビリティ評価のまとめ

6-1. ユーザビリティ評価での注意点

　ユーザビリティ評価が非常に大切なことは誰もが認識するところですが、その評価は人によって大きく変わってきます。開発者である自分たちは当該カテゴリーのユーザビリティを知り尽くしている特定業界のエキスパートです。また開発に携わる人達はどのようなイメージスキーマを経てユーザビリティが設定されたかを知っています。ですから自分たちが当たり前と思ったスキーマが、世間でも常識だろうと考えてしまいがちです。

　また開発者はプロジェクトを通して、日々製品を操作することで自身の練度が上がっています。しかしユーザーは製品の初見時が製品との関わりのスタート地点です。そしてユーザーは初めて使うときから快適に使えること求めています。

　このためデザインディレクターはユーザー視点を常に忘れずに、使いやすさを見極めるため開発のできるだけ早い段階において、想定ユーザーにリテラシーレベルを合わせた被験者が初見で操作する様子を観察する機会を持つべきです。更に判断を間違えないために想定されるユーザーの世代や体型、四肢や手指の大きさなど、考え得る様々な視点から被験者を集めテストすることが必要です。

　その際、子供向けの製品では一般品とは異なった配慮が必要になります。使いやすさという視点から、簡単にワンタッチで開閉ができる一般的なバックルによるインターフェースを提案したときの例です。調査した保護者からはデザイナーの意思に反して「生活の中で日常的なリテラシー（この場合はワンタッチバックルで止めるのでなく紐で結ぶ）を学ぶので、便利すぎる製品はリテラシーの練習にならないため、子供に買い与えたくない」と訴求されたことがありました。この例は通

常の紐からバックルにすることでオリジナル性を訴求したいデザインディレクターとしては迷うところですが、製品コンセプトにフィードバックし、企画の練り直しを求められました。

子供向けの製品開発だけでなく、当該カテゴリー製品を初めて使う初心者や高齢者など、特別な配慮を必要とするユーザーの使用が想定される場合は評価項目の設定に注意が必要です。

このようにデザインディレクターは様々なユーザーとその背後にあるインサイト*に注意して、自身の常識が世間の常識とずれていないか、自分たちのユーザビリティの熟練度も考慮し、自分たちで盲点を作ってしまわないようにあらゆる視点から考え抜き、客観的な判断ができるよう評価項目の設定に注意しましょう。

またプロジェクトにおいて、後の開発段階になるほど様々な条件を詳細に詰めていくため、いくら大切なユーザビリティでもデザインを大きく変更することは難しくなります。開発の初期段階で根拠のない期待によってユーザビリティ評価を甘く見ていると、開発段階が進むにつれ、様々な因子が決定され、そこから生まれた相互作用がデザインの変更を難しくします。これはユーザビリティ評価に限ったことではありませんが、ユーザビリティはユーザーの満足度に大きく寄与しますから、できるだけ源流段階から評価を厳しく行うよう細心の注意が必要です。

＊インサイト
本来は洞察の意。マーケティング用語としてユーザーの購買行動の潜在的な動機として用いています。

6-2. ユーザビリティ評価の要点

本書では、デザインがユーザビリティに与えた使い勝手を評価する項目について考えていますから、製品をかたち作る諸要素全てがユーザビリティに対して最適解になっているかを評価するため、評価の視点をUIの構成概念別に分解して、「認知性」「操作性」「快適性」としてここまで説明しました。

ユーザビリティの性能を表す評価項目として「認知性」「操作性」「快適性」を作り込むことが「有効さ」「効率」「満足度」をより向上するという関係ですが、ここでは特にプロジェクトにおけるユーザビリティを評価する際、この両者がトレードオフの関係になることがありますので注記します。

製品が「効率の良さ」を求めて、ユーザーのランダムアクセスを優先し、短いシーケンスで浅い操作階層を目指すといった製品があります。例としては音楽スタジオで見るミキサーや航空機の操縦席のように、操作されるボタン、スイッチの数は膨大になり製品サイズも巨大になりますが、シーケンスを短くして咄嗟の判断に即座に対応できるようにしています。

　また逆に操作ボタンを増やさずに（増やせずに）、長いシーケンスを用いて操作階層を深くしていったユーザビリティの例としてデジタルカメラやコンピュータの各種設定があります。

　この「有効さ」「効率」「満足度」もユーザビリティを評価する上で大切な因子ですが、製品のカテゴリーによってこれら因子間のバランスは大きく変わり、どちらが正解ということはありません。例にしたシーケンスの長さと操作階層の深さはトレードオフの関係で両立できませんから、どのようなレベルに設定するかで製品の企画そのものが変わります。

　これは極端な例ですが、想定しているユーザーがユーザビリティに何を求めているか判断することは、企画レベルで決めなければいけない優先順位であり、デザイン段階で決めるべきことではありません。

　このようなデザイン開発の段階で大きな齟齬を起こさないためには、くり返しますが、プロジェクトの源流時点でユーザーが製品を使っているシーン（ユースケース）をアイデアスケッチとして描き、チェックすることが大切です。製品をユーザーが操作している姿を描き、企画がまとまったプロジェクトでは前述のような大きなズレは起き得ません。このユースケースをスケッチするという簡単な作業によりプロジェクトでのユーザビリティの完成度が分かりますから、必ずスケッチにして検討しましょう。決して頭の中の想像だけで行なっていけません。

　次ページに高付加価値デジタイザペンのユーザビリティ評価のチェックリストを記載します。またチェックリストの項目は『ユーザ工学入門』（黒須正明・伊東昌子・時津倫子著）より抜粋・省略し、*印は著者が追記して掲載しています（表14-6-1）。

表14-6-1

		ユーザビリティ評価種別	
認知性	平易さ（知覚関連）	機能をわかりやすいシグニファイアに割り付けてあるか。	
		製品の重量を適切にアフォードしているか。	
		製品の重心は偏りすぎていないか。 *	
		類似の機能を同類の情報でまとめてあるか。	
		重要な情報は目立っているか。	
		重要でない情報はノイズになっていないか。	
	平易さ（認知関連）	基本的な操作は直感的にわかりやすいか。	
		わかりにくい表現は使われていないか。	
		視覚的な表現は内容が直感的に理解しやすいか。	
		操作可能な部位と不可能な部位は視覚的に区別してあるか。	
		システムイメージを容易に理解できるようになっているか。	
	平易さ（記憶関連）	ユーザーが覚えてなければならない要素の提示個数は適切か。	
		再生型のコマンドよりアイコンやメニューなどの再認要素を利用しているか。	
	平易さ（エラー関連）	思い違いによるエラーは起きないように配慮されているか。	
		エラーを犯してしまってもUNDO機能によって元の状態に復帰することができるか。	
		エラーからの復帰の操作は簡単か。	
	一貫性	類似の操作は複数の機能に一貫性はあるか。	
		文字やグラフィックの使用規則に一貫性はあるか。	
		エラーへの対処の仕方に一貫性はあるか。	
	連想性	使ったことのない製品でも使い方が連想できるシグニファイアがあるか。	
		ピクトグラム等は日常的なメタファーが利用されているか。	
		はじめての用語でも、日常生活から容易にその内容が類推できるか。	
	誘導性（ヘルプ関連）	ヘルプ機能は適切に提供されているか。	
	誘導性（ガイド関連）	操作手順のガイダンスは行われているか。	
	誘導性（ドキュメンテーション関連）	マニュアルには、必要で十分な説明が載っているか。	
		説明の文章は平易でわかりやすいか。	
		説明は具体的で、実行可能な表現になっているか。	

	高付加価値 デジタイザペンにおける			1	2	3	4	5
	必要条件 液晶タブレットを含むシステム	ペンのみ		全くその通りではない	あまりその通りではない	どちらともいえない	ややその通り	全くその通り
		必要条件	十分条件					
	○	○						
	○	○						
	○	○						
	○	○						
	○	○						
	○	○						
	○	○						
	○	○						
	○	○						
	○	—						
	○	○						
	○	—						
	○	—						
	○	○						
	○	—						
	○	—						
	○	○						
	○	○						
	○	○						
	○	○						
	○	○						
	○	○						
	○	—						
	○	—						
	○	○						
	○	○						
	○	○						

ユーザビリティ評価種別			
操作性	身体適合	指や手の大きさ、身体各部の大きさに太さや長さは合っているか。	
		ユーザーの体力に重さは合っているか。*	
		ユーザーの使い方に重心は合っているか。*	
		ユーザーの指や手の大きさや使い方に操作部の滑りやすさは合っているか。*	
		ユーザーの指や手の大きさや握り方に操作部の形状は合っているか。*	
		指や手の動きやすい範囲に操作部位や可動範囲が収まっているか。	
	視認性	表示部位は必要十分な広さを持っているか	
		表示文字やピクトグラムは小さすぎないか	
		ペン先は見やすいか。*	
	可聴性	エラー警告音等は聞きやすい大きさか、音の高さ、音色になっているか。	
		操作音は識別しやすいか、また連想しやすいか。	
	効率性	操作の手数は少なく設定されているか。	
		操作ミスを防ぐための配慮がしてあるか。	
		操作の際の手の導線が自然の流れに従って設定されているか。	
		熟練したユーザーに対して簡便で効率的な操作方法が用意されているか。	
		重大な結果を起こす操作に注意喚起できているか。	
		必要に応じて、キーやボタンをクリックしたときに音によるフィードバックが提供されているか。	
快適性	疲労軽減	不自然な姿勢を長時間続けることはないか。	
		操作が重すぎたりして疲れるようなことはないか。	
	携帯性	携帯型の機器の場合、携帯できる重さと大きさか。	
		携帯型の機器の場合、携帯する理由となる性能を持っているか。	
		携帯型の機器の場合、携帯時に誤動作を引き起こす心配はないか。	
	収納性	使わない時、所定の場所に収納しやすく、また取り出しやすいか。	
		小型機器の場合、カバンやハンドバックなどに収納しやすいか。	
	柔軟性	ユーザーが自分の好みに応じた設定をできるか。	
	習熟性	使うことでユーザーが習熟できるようなものになっているか。	
	美しさ	製品全体のデザインは美しく、統一されたものになっているか。	
		表示レイアウトは整然としているか。	
		表示レイアウトは混雑しすぎていないか。	
		製品を利用する環境や利用場面とマッチしたデザインになっているか。	
	快適操作	操作に対して即座に応答が返ってくるか。	
	安心感	訳のわからない状態に陥ったりしてユーザーを不安に陥れることはないか。	
	動機付け支援	最初から難しすぎてユーザーに拒絶感を与えてはいないか。	

	高付加価値 デジタイザペンにおける			1	2	3	4	5
	必要条件 液晶タブレットを含むシステム	ペンのみ		全くその通りではない	あまりその通りではない	どちらともいえない	ややその通り	全くその通り
		必要条件	十分条件					
	○	○	◎					
	−	○	◎					
	○	○	◎					
	○	○	◎					
	○	○	◎					
	○	○	◎					
	○	−						
	○	−						
	○	○	◎					
	○	−						
	○	−						
	○	−						
	○	−						
	○	−						
	○	−						
	○	−						
	○	○						
	○	○	◎					
	○	○	◎					
	○	○	◎					
	○	○						
	○	○						
	○	○	◎					
	○	○	◎					
	○	○	◎					
	○	○						
	○	○	◎					
	○	−						
	○	−						
	○	○	◎					
	○	○	◎					
	○	○						
	○	−						

ユーザビリティ評価種別			
初心者 / 熟練者	初心者一般	初心者が少し学習するだけでも使えるようになっているか。	
		相談するシステムが用意されているか。	
	リテラシー不足者 （ハイテク弱者）	ユーザーに製品を壊してしまうのではないか、との不安感を抱かせることはないか	
		ユーザーに不安を与えて使用を諦めさせることはないか。	
	利用開始直後の ユーザー	同種の機器を利用したことがないユーザーにも、機器のイメージが掴みやすいか。	
		マニュアルを読まないでもある程度は使いこなすことができるか。	
	低頻度利用ユーザー	利用頻度の低いユーザーが操作を忘れずにいられるか。操作を忘れてしまっても直感的に操作できるか。	
	熟練者一般	熟練者にふさわしい機能が用意されているか。	
		ショートカットの割付などは自分で設定することも可能か。	
	高頻度利用ユーザー	高頻度利用で煩わしいと思えてくるところはないか。	
		製品を専門に扱うユーザーに対してトレーニングの機会が用意されているか。	
特別な配慮 を必要とす るユーザー	視覚障害	視覚障害の人にも利用できるか。	
		視覚以外の感覚による情報提示を行っているか。	
		怪我を誘引する危険な箇所はないか。	
	聴覚障害	聴覚障害の人にも利用できるか。	
		聴覚以外の感覚による情報提示を行っているか。	
	身体障害	手指に障害のある人にも使えるか。	
		適切な操作手段が用意されているか。	
		車椅子から操作することが容易になっているか。	
	幼少児	幼児使用を想定する場合、無理なく使えるか。	
		表示の表現は幼児にも理解できるか、難しい表現を使っていないか。	
	色弱	色弱のユーザー使用を想定する場合、無理なく使えるか。	
異文化間の ユーザー	特定の文化圏での 適合性	緊急時操作が理解できるか。	
		表示に英語を利用あるいは併用しているか。	
		データの表示形式は、利用文化圏に適合しているか。	
		特定の文化圏での感性に適合しているか。	
		ユーザーの属する文化圏で不愉快な感情を引き起こさないような色や図案を使っているか。	

	高付加価値 デジタイザペンにおける			1	2	3	4	5
	必要条件 液晶タブレットを含むシステム	ペンのみ		全くその通りではない	あまりその通りではない	どちらともいえない	やや その通り	全く その通り
		必要条件	十分条件					
	○	○						
	○	○						
	○	○						
	○	○						
	○	○						
	○	○						
	○	○						
	○	○						
	○	○						
	○	○						
	○	○						
	—	—						
	—	—						
	—	—						
	○	○						
	○	○						
	○	○						
	○	○						
	○	○						
	○	○						
	○	○						
	○	○						
	—	—						
	○	○						
	○	○						
	○	○						
	○	○						

雑誌のサブスクリプションサービス

　街の書店は激減しました。私は近所に
あった本屋さんが店じまいをしてしまった
ため、ほぼ毎日散歩がてら隣駅にある大型
書店へ行き、気になった雑誌を手に取って
見るようにしています。週末は神保町、新
宿、池袋、丸の内などの超大型書店や、個
人のこだわりでセレクトした小さな書店へ
出向きます。

　書店は各店ごとに個性があり、平積みに
なった雑誌や本は表紙を見るだけで時代観
を感じることができる情報の宝庫です。情
報は本来は実物を見るのが一番です。しか
し時間的に無理ですから雑誌やWEBに頼
らざるを得ません。

　このような現在、書店に行かず情報を得
ることが出来る雑誌のサブスクリプション
サービスはとても便利で、私も1,200誌以
上の読み放題サービスをチェックすること

を日課としています。このサービスの問題
点は、全ての雑誌を網羅していなかったり、
大事な特集が掲載されていなかったりする
ことです。

　しかしもっと問題なのは、自身の読み方
が雑になってしまうことです。元々は3次元
だった情報を2次元の写真として掲載する
ところで情報量は大幅に減少します。これ
をさらに小さく解像度の低いタブレットで
見ているので大激減です。紙の雑誌なら気
付いたはずの編集さんがこだわった写真の
クオリティも分からなくなっているかも知
れません。

　デザインディレクションを行う上で情報
を浴びるように見ることは重要ですが、便
利さの裏に隠れてしまう、些細だけれど重
要な情報を見逃すことのないように注意し
たいものです。

第 15 章

デザインクオリティ評価

1. デザインクオリティ評価｜作り込み評価とは

　製品は、ブランドというアイデンティティを具現化し、所定の機能と性能を適切なユーザビリティで実現するというだけでは、ユーザーの満足を得ることはできません。製品はそれに値するレベルのデザインクオリティを持っているということが非常に大切です。

　デザインクオリティ評価とは、製品の作り込みを評価することです。製品にデザインとして付与されたオリジナリティ性・デザインポリシー・デザイン洗練度が、想定したユーザーを満足させられているかを評価します。

1-1. 製品のデザインクオリティを評価する

　本項では、デザインを評価する上で製品のデザインクオリティレベルが一定水準以上に洗練されているか評価することを目標に、その評価基準について考えます。

　製品は、外観（アピアランス）を一見しただけでは洗練されているかどうかわからないことがあります。製品の細部や裏側、底面にもデザインはあります。製品のパッケージや販売している店舗やメンテナンス時のみ見ることができる製品内部にもデザインもあります。また製品を使い始めても、製品の耐久性など時間が経たないとわからないこともあります。これら製品のありとあらゆることにデザインの配慮が行き届いているかを評価することが、デザインクオリティの評価です*。

　デザインに求められることは、一言でいうとユーザーが満足するアピアランスを有すること。そして満足の源泉は、想定ユーザーが求めているデザインのレベルを超え、良い意味でユーザーが想像できなかったレベルまでデザインが昇華されていることです。

　この判断は想定ユーザーにより評価項目も評価基準も様々ですから、これらを高次に昇華させた製品例を特定することはできませんが、

*広告など販売促進関係のコンテンツはここでは割愛します

デザインが提示した場としての視点（現時点での文化・文明の方向性と製品を提案しているカテゴリーやポジショニング）と製品が向かっているベクトル（方向性と運動の勢いを表す加速度）によって、製品が目指すプリンシパル（目指すべき意思）のパワーが決まってきます。このパワーレベルは芸術性に通じる話で、本書で記しているビジネスパーソンが勉強で得られるデザインディレクションを越えた範囲を含みますが、デザインに求められる必要条件と十分条件の説明として本書では記したいと思います。

1-2. デザインクオリティを生み出す 3つのポイント

「C1」オリジナリティ評価
製品に独自のデザイン的なオリジナリティ性があるか。
「C2」デザインポリシーポリシー評価
製品のあらゆる箇所の全てが同一のデザインポリシーで貫かれているか。
「C3」洗練度評価
製品はポジショニングに相応しいデザイン洗練度に達しているか。

製品のデザインクオリティレベルが一定以上にあること。これはプレミアムブランドだけに必要な評価項目ではなく、コモデティ製品でのコストの制約が厳しい中でも配慮すべき内容です。

製品本体のデザインクオリティはデザインが主導して具現化することが可能ですが、製品本体以外はデザイン部門だけで達成できる話ではありません。しかしできる限りデザインが起点となって、よりデザインクオリティの高い製品になるように組織に働きかけていくべき内容です。少なくともデザインが原因となって製品のデザインクオリティを下げることはあってはならないことですから、デザインディレクターとしては以下に詳述する様々な視点からを評価していきましょう。

2. (C1) オリジナリティ評価

2-1. 表現としてのオリジナリティ評価のポイント

オリジナリティとは独創であり、広辞苑によれば「模倣によらず、自分ひとりの考えで独特のものを作り出すこと」とあります。

プロジェクトでは製品を新しく生み出す存在理由が必要です。その中で新製品にオリジナリティは必要か、という問いが出てきます。このオリジナリティとは視点をどこに置くかで変わります。

デザインディレクターとしては新たに作る製品ですから、何処かにオリジナリティを付与したいところです。

開発する製品が他社に先駆けて世界初の新しい試みを市場に出すといった場合、その開発内容は特許の対象となる可能性があります。特許を取得するための審査基準として、進歩性と新規性が求められます。特許取得を狙えるレベルのオリジナリティを有する製品であれば、進歩性と新規性を存分に活かしたデザインを行うなかでオリジナリティは生み出されますから、先述のMAYA理論を念頭に置き、新たなクリエーションにチャレンジしていきましょう。

またプロジェクトで開発する製品が既に業界内で存在していて、自社も同等の製品を持ちたいという場合もあるでしょう。ユーザーや業界では既知であっても、自社にとっては新企画ということで新製品として開発することもオリジナリティがあると肯定できます。一般的に製品開発プロジェクトではマーケティング的要望から、こちらの企画も多く存在すると思います。このようにオリジナリティ性は求める目標によって異なります。ですから本項でのオリジナリティとは、既に目標となる製品が業界内で存在していて自社も同等以上の製品を持ちたいという後者の企画で、新製品開発としてプロジェクトに移行したものについて記します。

つまり特許取得が可能なレベルの高いオリジナリティについて考え

ていくということではなく、デザイン開発を行う中で「デザインクオリティを向上させる目的で製品を磨き上げる作業の中から生み出された表現としてのオリジナリティ性」に限定し記すことにします。

　以上から通常のデザイン開発の中で、コンペチタの製品に依拠し特徴を模倣したりすることではなく、自らデザインを考えることで他社製品とは異なるオリジナル性を生み出しているかを評価していきます。

　表現としてのオリジナリティ性を評価するポイントは大きく分けて以下の3項です。

- 表現が独創的であり模倣でないこと
- ユーザーを想定していること
- 製品の機能・性能・コストなどに良い影響を与えていること

2-2. 表現が独創的であり模倣はないか

　独創を評価するためには他者と異なることを証明する必要があります。デザイナーが自分で考えた形態・カラー・質感だと主張しても、既存製品として存在していれば独創とはみなされないからです。

　本書ではデザインを「ユーザーを想像して製品を形作る諸要素全ての最適解」としています。製品を形作る諸要素の全てで、形態・カラー・質感のほとんどが既存製品と同一になっていることは新たにデザインしたとは扱いません。コンペチタの製品より優位な製品を生み出すのがプロジェクトですから、コンペチタと異なるオリジナリティを有することは当然求められます。まして著作権侵害はあってはなりませんので補足します。

　著作権侵害はCIやBIのイメージを大きく壊し元へは戻りません。また製品の出荷停止や著作権料の支払いといったプロジェクトの経済的な面において計画が大きく狂う点からも、絶対におこしてはいけませんからしっかりとチェックしましょう。以下に著作権侵害を犯さないためにチェックすべき項目をあげています。

（A）著作物性

　著作物性は、模倣される対象に著作物となり得る特徴点があることが必要です。全く特徴のない製品はもとからオリジナリティがないとされ問題外になります。

（B）依拠性

　依拠性とは模倣の対象となる製品を拠り所として模倣したかどうかを問題とします。

（C）類似性

　類似性は著作物性が認められた特徴点にいかに似ているかを評価します。

　模倣されたオリジナル側が著作権侵害の訴訟を起こす際、この3項の証明を求められることから、訴訟する側のハードルも高いのですが、他者の著作権をギリギリでかわせたとしても、対象となるプロジェクトの注目度が高い場合、ネットで中傷されるなど、プロジェクトのイメージを大きく毀損しますので他者の著作物に近似した製品を市場に出すことは絶対に避けましょう。

2-3. ユーザーを想定しているか

　本書はデザインを「ユーザーを想像して製品を形作る諸要素全ての最適解」と定義しました。デザイナーとはユーザーを想像してデザインを作り出しますから、自分だけが良いと思っている製品がそのままユーザーにとっての最適解になるという発想はありえないはずです。

　しかし表現としてのオリジナリティというとアートと混同しやすく注意が必要ですので改めて詳しく説明します。

　デザイン学科の学生からプロダクトデザインの実習で、アートの要素を入れたいというアイデアが出てくることが多々あります。これを一概に否定するものではありませんがアートの捉え方が間違っていることがほとんどです。

　特にモダン・アートを「自分だけが良いと思っていれば他者からの評価を期待していない表現」と捉えている学生が非常に多いことが問題です。

　二十世紀以降の芸術について記した著述として『13歳からのアート思考』(末永幸歩著)のなかに分かりやすい表現があります。アート思考とは「自分の好奇心や内発的な関心からスタートし価値創出をすること」とあります。これをユーザーサイドから見ると「新たな価値提案をしてくれる独自の視点」を持つモノがアートになります。

　もちろんデザイナー自身がアーティストとしてファンを獲得している場合、製品にキャラクタを付与する目的で作品の一部をデザインに入れ込み製品として成立させる場合もありますが、それは本書のデザインクオリティとは別の話です。

　ですからデザインの一つの要素としてイラストレーションや加飾を加える場合、あくまでも製品の一要素であり製品が「アートそのものではない」ということを忘れないことです。

　このように製品のデザインは「ユーザーを想像して製品を形作る諸要素全ての最適解」です。ユーザーを想定していない自己表現はデザインの独創性とは言えませんから評価の際に注意しましょう。

　ここでも逆説的ですが、オリジナル性がないこともまた特徴となりますので、それについてはアイデンティティ評価の項を参考にしてください。

2-4. 製品の機能・性能・コストなどに 良い影響を与えているか

　製品の機能・性能・コストなどに良い影響を与えるとは、デザインを優先させすぎて製品の機能・性能・コストに悪影響を出してはならないということです。

　ややもするとオリジナルとなる特徴を出したいために、力学的に無理をした形態をデザインに取り入れたり、質感を上げるために経時的劣化に目をつぶり耐候性*の弱い素材を使ったり、見栄えを良くしたために複雑な構造を採用し極端なコストアップで採算を無視したりするようなデザインアイデアを取り入れてしまうことが散見されます。

　このようにデザインオリジナリティを求めるが故に製品に悪影響を与えることがないよう評価項目を検討することが必要です。この件についてはデザインクオリティ全体の話と共通する内容を多く含みますので後述の洗練度評価での説明も参考にしてください。

＊耐候性
日光・雨・温度・湿度など
環境に対しての耐性

3. （C2）デザインポリシー評価

　製品を構成しているあらゆる部分において、デザインのポリシーが揃っているかを評価します。

　ポリシーとは方針を表し、「方針」とは広辞苑によると「（1）方位を指し示す磁石の針。磁針。（2）進んで行く方向。目ざす方向。進むべき路。以下略」とあります。

　このデザインポリシー評価はCIやBIに広く関わることですが、ここではプロジェクトによってあらゆるデザインの目指す方向がバラバラでないか、一貫した方針に従ってデザインが実施されているかに絞って評価する基準を考えます。

　ですから製品全体の佇まいや目立つデザインポイントに限られた話ではなく、ディテールや製品の背面・底面・側面・上面・内部といった、普段はユーザーの目に止まらない部分のデザインにもポリシーを持ってデザインを揃えることができているかを評価します。

3-1. デザインポリシー評価のポイント

　製品のデザインを決める面構成や面の流れ（つながり）や、ディテールのデザインに統一性があるか、また製品の購入体験を行う実店舗やネットなどの環境、製品を手にしたときのパッケージ、開封し取り扱い説明書などユーザーは顕在的または潜在的にデザインを評価していますから。これらの期待に応えるべきポイントを見極め、評価基準を組み込むことは、CI・BIを考える上で非常に大切です。

　これらの作り込みは、製品の統一性というデザインポリシーが明確でない場合、作りやすさが重視されすぎ作り手の視点だけでデザインされると、製造の都合が製品のアピアランスにあらわれてしまい、デザインクオリティの極端な劣化につながります。

デザインディレクターとしてデザインポリシーを評価するポイントは大きく分けて以下の二項です。

- 全体と部分のデザインポリシーはコントロールされているか
- 製造の都合が外観に出ていないか

3-2. 全体と部分のデザインポリシーはコントロールされているか

　製品のデザインを決める面構成や面の流れ（つながり）や、デザインポイントとなるディテールのデザインに統一性があるかなど、製品全体、全体と部分、部分と部分のデザインポリシーがコントロールされているかを評価します。

　この評価はアイデンティティ評価、ユーザビリティ評価との相互関係が強く存在します。例えば全体の佇まいのテンションは低く抑えるアイデンティティを求めつつ、ユーザビリティの良さを強力に推し出したいということでUIの認知性を上げるためにテンションを高く設定したい場合などが考えられます。

　全体のテンションに合わせて部分となるディテールのテンションを合わせるのか、それとも全体のテンションと部分のテンションのコントラストを取るのかということを製品コンセプトに沿って評価します。

　大きな製品では全体のテンションとUIの部分のテンションを分けてデザインすることも可能ですが、携帯製品など製品の全てを同一視野で見ることができる製品で、テンションに高いコントラストを付けることはアイデンティティ上も避けるべきでしょう。特に製品全体のテンションを低く抑えたいときにブランドロゴなどのテンションが高い場合BIに関わる問題となり、ロゴ変更は製品開発プロジェクトの中で決定はできませんので、デザイン開発の初期段階、デザイン条件検討で綿密に検討しておくことが必要です。また製品には店頭やカタログで見える前面だけでなく背面、側面、上面、底面があります。例えば気

に入った机を買い自宅へセッティングする際、初めて机の背面を見て
ガッカリしたという方もいると思います。そのために机の背面にまで
デザインポリシーが行き届き、前面と同等の配慮が行われているかと
いったことを評価するかも、製品コンセプトに照らし合わせデザイン
ディレクターが決めていきます。

3-3. 製造の都合が外観に出ていないか

　製造の都合が外観に出ていないプロダクトとは、ネジを見せない、
組み立て精度を上げる、成形部品の分割線（以降パーティングライン）
を見せない、または最小にするなど、製造する上で非常に面倒で手間
の掛かる作業に折り合いを付けることを総称して、製造の都合と記
しています。

　ネジを見せない例では、廉価なノックダウン方式*の家具であれば
問題視しない場合もありますが、洗練された家具はネジが見えないよ
うにデザインされているものがほとんどです。ネジは視覚上のノイズ
になるだけではありません。部品同士を簡単に着脱する方法としてネ
ジが使われているため、ネジは組み立て式である製品のアイコンに
なっており、ユーザーに経時的に緩むことを想起させます。家具は永
続的に安定して使いたい製品ですが、ネジはパーツ同士が外れる可能
性を可視化してしまいます。このようなネガティブな認知を与えるア
フォーダンスは無い方が好ましいというデザインポリシーが、ネジを
極力使わないようにする理由です。

　しかし製品輸送の都合などにより、どうしてもネジによる組み立て
式にしたい場合があります。その際はネジを外観から見せないように
デザインを行うことで、「分解できる・緩む」といったネガティブなア
フォーダンスを解消することができますから、諦めずに知恵を絞って
デザインすることが求められます。

　このようにネジを見せないデザインにすると、構造が複雑になる可
能性が高く、コストが上がってしまいます。このコストが許容できず見
える場所にネジを使う場合は、ネジの質感を上げてネジをデザインポ
イントにするなどの、ポリシーを持った配慮がされているかを評価す
ることが必要です。

*ノックダウン方式
大きな製品を部品で保
管・運搬して使用する現場
で組み立てを行う生産方
式から転じて、店舗では
部品のセットを購入し、使
用場所へ運搬し組み立て
る製品の販売方法。

組み立て精度の例として、外装パネルを構成しているパーツ同士の合わせ精度があります。これは製造クオリティを表す指標ともなるチェックポイントで、パネル同士の隙間をチリといいます。高い精度で組まれている製品はこのチリの幅が非常に少なく、段差も極小に抑えられています。チリが広く段差が大きいと製品のパネル面のつながりが悪く一体感を損ないます。対してチリが狭く段差が小さいとパネル面の流れが良くなります。これも、小さなことのようですが製品の佇まいを大きく左右するポイントですから、デザイン時やエンジニアとのすり合わせ時にチリが極力少なくなるような面構成が配慮されているかが評価するポイントになります。

　製品の外観に現れないところでも、電気製品では回路基板・電池ボックス内部・パッケージ・銘板・取扱説明書のデザインなど、エンジニアなどのスタッフ任せにせずディレクションすることで製品のデザインポリシーは揃えられますから、評価ポイントに加えていきます。

　プラスチック製品では、成形型から製品が抜けやすくするために設ける斜面（抜きテーパ）やパーティングラインをどのように取り回すか、プラスチックの射出口（ゲート）、金型から製品を押し出すピン（イジェクターピン）などの製造跡をどこに設けるかで、製品のアピアランスというクオリティは大きく変わりますから評価項目に加えることが必要です。またメンテナンスの時にしか露見しないような製品の裏面や製品の内部（電子回路基板やエンジンルーム）も外観同様のデザインポリシーでデザインされていれば、冒頭のユーザーだけでなく、メンテナンスの担当者に対しても製品に対して高いデザインクオリティを感じてもらうことができ、ブランドを支える関係者のプライドを育み、BIの向上に大きく寄与します。

　このようにデザインディレクターは製造や付属品の製造仕様についても勉強し、デザインディレクションする際に製造コストを抑えつつデザインクオリティを向上させることができるように配慮するよう、デザインポリシー評価をデザイン評価の判断する基準に組み込んでおきましょう。

4.（C3）デザイン洗練度評価

　デザインが一定水準以上に洗練されているかを評価します。

　「洗練」とは広辞苑で「物を洗ったりねったりして仕上げるように、文章や人格などをねりきたえて優雅・高尚にすること。みがきをかけて、あかぬけしたものにすること。以下略」とあります。この中で優雅とは「やさしくみやびやかなこと。上品でみやびやかなこと。」であり、高尚とは、「学問・言行などの程度が高く、上品なこと。」とあり、垢抜けるとは「気がきいている。素人臭くない。洒脱である。いきである。以下略」とあります。いき（粋）とは「（1）気持や身なりのさっぱりとあかぬけしていて、しかも色気をもっていること。（2）人情の表裏に通じ、特に遊里・遊興に関して精通していること。←→野暮やぼ　（以下略）」。

　辞典の解説と、デザインの定義「ユーザーを想像して製品をかたち作る諸要素全ての最適解」を勘案すると、「洗練する」とは対象物に対して以下の概念を的確に実施することとなります。

- 美しいこと
- 上品なこと
- 理を使いこなしていること
- 気が利いていること
- 人情の表裏に通じていること
- 素人臭さを抜くこと
- 欲から脱すること
- さっぱりとしていること
- 色気があること

製品デザインですから稚拙であってはいけませんので、これらから「素人臭さを抜くこと」を省き、そしてデザインクオリティ以外の評価項目であるアイデンティティやユーザビリティを生み出している「上品」「理を使いこなしていること」「人情の表裏に通じていること」「欲から脱する」「さっぱりしている」「色気がある」を外します。ここではデザインディレクションのキーワードで「洗練する」を考えると以下の2項が中心概念になると考えます。

- 美しいこと
- 気が利いていること

　「美しい」はデザインにとって大切な概念の一つです。この「美しい」はデザインクオリティだけで評価できるものではなく、アイデンティティ評価やユーザビリティ評価にも含まれます。

　アイデンティティ評価では美しいことに加えて「美しくかつ迫力がある」「美しくかつ可憐である」など、特徴があることが求められます。美しさと特徴の方向性とその度合いなどが評価項目になります。またユーザビリティ評価でも美しいインターフェースやシーケンスから分かりやすい認知性・操作性・快適性が生み出されます。

4-1. デザインの洗練度とは

　デザインする対象のデザイン要素（形態・カラー・質感）が多数で複雑に絡みあっている場合は、デザイナーの目が届かず、現場の裁量で「今まで通りで良いだろう」という考えから製品コンセプトを逸脱して製品が設計され、製造されることも多々あります。

　デザインディレクターはこのように複雑に絡んだデザイン要素に対しても、デザインにオリジナリティ性があるか、あらゆる箇所の全てが同一のデザインポリシーで貫かれているか、といった評価と併せて、プロジェクトでは製品コンセプトでの企画意図を活かしながら「美しさを持ち、かつ気が効いた製品に仕上がるよう」デザインの洗練度に

磨きをかけることが必要となります。そして製品の隅々までデザインを磨き洗練させることで、製品の全てにおいてユーザーに満足感を感じてもらうことで、製品の満足度には大きなレバレッジをかけ、結果として総体の概念が巨視化され、ユーザーには更に深い満足度を提供することが求められます。

　このようにデザインの洗練度を磨き上げる行為の中から生まれる「美」が製品の価値を高めると考えられますから、本書ではこの洗練度評価の中に「美しい」を含めて考えていくことにしました。

　なおこれもアートの範疇になりますが、作陶などで釉薬の流れなど、偶然に生まれる結果を意図的に期待して行う制作行為は、偶然を制御して取り込もうとする行いであり、洗練度を上げるためのデザインとして捉えられます。

4-2.「美」という概念

　「美しい」もよく使う概念ですが、多くの意味を持つため評価する範囲を考えてみたいと思います。

　「美しい」を広辞苑でみると、「うつくし・い【美しい／▽愛しい】〔形〕［文］うつく・し（シク）（肉親への愛から小さいものへの愛に、そして小さいものの美への愛に、と意味が移り変わり、さらに室町時代には、美そのものを表すようになった）」という語源の説明があり、「(1) 愛らしい。かわいい。いとしい。(2) ア．形・色・声などが快く、このましい。きれいである。イ．行動や心がけが立派で、心をうつ。以下略 (3) いさぎよい。さっぱりして余計なものがない。」とあります。語源的な解説が多いので、さらに大辞泉で「美しい」を調べてみました。「(1) 色・形・音などの調和がとれていて快く感じられるさま。人の心や態度の好ましく理想的であるさまにもいう。ア．きれいだ。あでやかだ。うるわしい。イ．きちんとして感じがよい。ウ．㋒清らかでまじりけがない。好ましい。(2) 妻子など、肉親をいとしく思うさま。また、小さなものを可憐に思うさま。かわいい。いとしい。愛すべきである。(3) りっぱである。見事だ。(4)．（連用形を副詞的に用いる）きれいさっぱりとしている。」とあり、これら辞書にある概念を少し深堀りしてみます。

まずは広辞苑の語源となった概念について考えます。

（2）ア．の「形・色・声などが快く、このましい。きれいである。」とあります。形・色・声が快くこのましい。とはデザインの求める基本的な要件です。「きれいである」については「きれいな花」という用例にあるように外観的な鮮やかさの意が強く、「きれいに食べる」などの用例は一部にありますが主に外観的な意味に限定的です。（2）イ．にある「行動や心がけが立派で、心をうつ」という人の行動についての価値観についての概念です。（3）「いさぎよい。さっぱりして余計なものがない。」と情報が整理された状態を指しています。

これらから、製品の洗練度として求められる概念としての「美しい」は外観的な意味が強く「外観が混濁していない」ことで、対象の要素が「情報がきちんと整理され調和を保ち配置されている」ことを内包する概念であることがわかります。

以上より、製品の洗練度評価での中心概念をより詳しく説明すると下記になります。

- 美しく、かつ製品の要素が整理され調和を保ち配置され混濁していないこと
- ユーザーが知り得ない製品のあらゆる面にも気の利いた配慮があること

4-3. 美しいデザインとは

「美」の概念からすると先に記した主たるデザイン要素（形態・カラー・質感）が「混濁していない」状態を求め、清潔で混じりけがないかを評価する必要があります。

デザインはデザイン要素をユーザーの想定を行い結合させることで成り立ちますから、デザインの美しさの評価に必要な評価項目は「整えられたデザイン要素」に「デザイン原理（バランス Balance・プロポーション Proportion・リズム Rhythm・エンファシス Emphasis・

ハーモニーHarmony）が適切に使われ調和を保つ」ことが実現できているかとなります。

　デザイン要素の浄化・洗練や、デザイン原理の適切な使い方については次章で詳述していきますが、デザインが一定水準以上に洗練されているかという評価は、デザイン要素の純度と適切かつ適度なデザイン原理の適用方法に依拠しますので、これらを用いて「美しい」を評価項目としています。

4-4. 気の利いた配慮とは

　ここでは開発する製品が、企図した製品コンセプトに相応しいデザイン上の配慮が成されているかを評価します。デザイン上の配慮とは製品に与える影響を考えてデザインが実施されているかを指しています。そのため本項では先述した洗練に内包する概念として「理を使いこなしていること」「気が利いていること」を確認するために「デザインが製品に与える影響の是非」について評価する基準を考えます。

　ユーザーが製品を手に入れた時点で気がつかないような些末と思われる部分にも、デザインが良い影響のみを与えていることが理想です。オリジナリティ評価とデザインポリシー評価の項にも記しましたが、例えばデザインポイントを目立たせたいという思いが強くなりすぎ、素材を極限まで細くしたり薄くして強度を下げてしまったり、デザインポイントとなるパーツを大きくしすぎることでユーザビリティの邪魔をしたり、デザインポイントのパーツカラーを極端に高彩度にする、または質感に特徴を持たせることに注力し、耐候性の悪い素材をつかい耐久性を損なってしまうなど、デザインによって製品に対して思わぬ弱点を生み出してしまうことがあります。このようにユーザーが購入時に知り得ない製品のあらゆる面においても、デザイン起点によって製品にネガティブな影響を起こしてしまうことがないように評価項目を作っていきます。

　また製品寿命が尽きた場合の廃棄についても、デザインを起点として問題点を発生させていないか評価していきます。

4-5. デザイン洗練度評価のポイント

　これらを総合すると洗練度評価で配慮すべきポイントは以下の三点になります。

- ライフサイクルの統一ができているか
- 初期品質ではわからない問題をデザインが生み出していないか
- ユーザーに品質を委ねる部分の確認

4-6. ライフサイクルの統一ができているか

　製品の様々な使用を想定して、どこか極端に品質上の弱点となってしまう影響がデザインを起因として発生していないかを評価します。

　例えば二つ開きの扉を持つ製品をデザインする際の駄目な例として、可動部分を隠したいという考えからヒンジ*部分を極端に小さくしてしまい、他の内部機構や表示・インターフェースの部分が全く傷んでいないのにヒンジだけが壊れて使い物にならなくなる製品などがあります。ヒンジ部分のサイズをもっと大きくする、あるいは強い材質へ変えるなど、デザイン変更で回避できないか再検討します。製品を構成するすべてのパーツで極端に劣化の早いものが隠れていないかを評価します。

　同様に全てのパーツで品質劣化が顕在化する時期 (ライフタイム) が揃っているかを判断します。もし一部のパーツが機能や実態概念などにより劣化が早い素材を使わざるを得ない場合は、メンテナンスを必要とする製品となることを宣言し、製品デザインにはメンテナンスができる機能を与え、メンテナンスできるビジネススキームの体制を整備していく必要があります。例えば弾性を持ったゴムやエラストマー（高分子材）で作られた製品は、一般的に摩耗・紫外線・温度変化に弱

*ヒンジ
扉や蓋を開閉させるために、回転方向だけ自由に動く支点となるパーツ。ちょうつがいを指します。

いですが、耐震や静音のために弾性変形が必要なパッキン・タイヤ・駆動ベルトなどには使わざるを得ないことが多く、メンテナンス対象となる部品です。これらメンテナンス対象の部品には社会通念に照らした耐久性が必要ですし、継続的にパーツを供給できるビジネス体制もデザインの一環として評価します。

4-7. 初期品質ではわからない問題を デザインで生み出していないか

　ユーザーは新しい製品を検討する際、今までに使ったことのある同一カテゴリーの製品や近似している製品と比べ、どの程度の耐久性を持っているかを推定します。この推定耐久性を下回るようなことがあってはいけません。そのためユーザーが製品を手に入れた初期品質では認知できない問題点を含んでいないか、経時変化、耐候性、耐久性に問題はないか、自社の他製品やコンペチタと比較して評価します。

　ユーザーが製品を手に入れた時点で認知できない品質上の問題点は次の表15-4-1です。

表15-4-1

耐候性	温湿度環境や紫外線など、材料の経時劣化による製品の変化など
耐久性	機械的強度、繰り返し使用時の劣化、耐水性、耐摩耗性、メンテナンス性など
耐衝撃性	耐落下衝撃性、想定外使用による破壊や損傷など

4-8. ユーザーに品質を委ねる製品の場合

　組み立て式の家具のようなノックダウン製品の場合は、最終組立を
ユーザーに委ねますので注意が必要です。この場合は組み立て方法や
組み立てが間違いなく行われたか確認する方法をユーザーに提示す
る必要があります。更にユーザーのヒューマンエラーを含めて間違い
を起きづらくする配慮が求められます。また組み立てられる製品は通
常は分解できると考えられますから、組み立てを繰り返すことを許容
できるのか明示することが必要です。分解と再組み立てを許す場合は
安全性への気配りを十分に行っているかを評価します。

　また製品を廃棄する際に、法を遵守できるように素材に配慮するこ
とはもちろんですが、廃棄の際にケガを誘発したり危険を発生させな
いか、またリユースやリサイクルを行う際のサポートがデザイン起点
でできているかを評価します。

　そして製品が通常の市販工具で分解ができる場合、ユーザーが分解
しても安全が確保できるよう確認します。アラートが必要であれば製
品に記すように働きかけましょう。

第16章

デザイン評価の実際

1. 評価項目から実際の検証への展開

　前章でデザイン評価項目の洗い出しを終えました。評価の準備は整ったといえます。あとは実際のデザインを評価するものさしが適した評価種別となっているか、そして求められる評価基準内に収まっているかどうかを確認していく作業になります。

　製品のカテゴリーによって評価の項目が大きく異なります。また同一カテゴリーでもプロジェクトが異なれば製品コンセプトが変わりますから、実際のデザイン評価は千差万別です。そのため本書では、どのようにして評価項目と照らし合わせていくかという考え方を記します。高付加価値デジタイザペンの具体例は本章に載せています。

　第3章に記したデザインの構造で、製品のデザインを伝えるためのテンプレートとして図16-1-1のデザインの3要素「形態（Form）・カラー（Color）・質感（Material）：以下FCM」と、デザインの5原理「プロポーション（Proportion）・バランス（Balance）・リズム（Rhythm）・エンファシス（Emphasis）・ハーモニー（Harmony）：以下PBREH」を掛け合わせる方法を紹介しました。

図16-1-1

デザイン評価を行うにあたり、ステークホルダー間でコンセンサスを得た製品コンセプトを元に、計画したとおりにデザインが仕上がっているかをすり合せることがデザイン評価になる旨は前述のとおりです。このデザイン前の計画が仮設定したデザインゴール（デザイン要素と原理の割り付け）であり、デザイナーから上がってきたスケッチを選別しデザイン評価を行っていく上で最終のパース図（レンダリング）やモックアップ、プロトタイピングなどを評価する評価項目の論拠となっています。

1-1. デザイン検証の項目数

　検証する組み合わせは項目数で見ると、デザイン要素の評価が3項目、デザイン原理の評価が5項目、これらの掛け合わせは15項目、さらに加えアイデンティティ評価種別3項目あるので掛け合わせて45項目、同様にユーザビリティ評価種別3項目、デザインクオリティ評価種別3項目ですから、各々で45項目あり、総和は135項目、相互作用を考えると90,000項目以上になります。

　さらにアイデンティティ、ユーザビリティ、デザインクオリティの評価項目はプロジェクトに則して個々に枝分かれしていきます。そして評価する基準となるしきい値は、プロジェクトに応じて存在しますので組合わせ数は膨大です。

　これら各評価のうち、ユーザビリティ評価が特殊なユーザーを想定しておらず、操作スキーマが当該製品のデファクトスタンダードを踏襲している場合は、チェックリストを使い確認していくことが非常に有効な評価方法です。チェックリストについては第14章を参照してください。

　これに対してアイデンティティ評価とデザインクオリティ評価は、評価項目が製品により大きく異なるため、チェックリストは製品ごとに特殊解となり、あらゆる製品に共通する一般解にまとめるために昇華させようとすると、評価の次元が高く非常に抽象的になってしまいます。そのためチェックリストというフォーマットで項目を箇条書きにすることは難しいため、プロジェクトごとに評価項目を洗い出す方法が現実的です。

また評価項目のチェックリスト化を被評価対象で行った場合でも、デザイン上の配慮の有無はチェックリストで判断できますが、達成レベルの判断はチェックリストではできません。

　例えばブランディングであれば、達成レベルの判断を行うしきい値はCI・BIといった形での組織への根付き度合いが組織ごとに独自の風土で育まれるため異なります。この組織ごとに異なるしきい値ですが、コモデティ製品を多く手掛けてきた企業と、プレミアム商品だけを手掛けた企業では大きく異なってきます。さらに同じプレミアムの商品を作っていてもカテゴリーや国・地域によっても異なります。このBIを満足させるしきい値を把握し制御することはとても繊細かつ複雑で、チェックリストの合否判定だけで判断することは現実的ではありません。

2. デザイン原理からの評価

2-1. デザイン評価の分解

　評価項目となるデザイン上の配慮の有無を調べた後、その達成レベルを判断する際のポイントについて記します。この評価の判断ポイントはデザインを要素と原理に分解して考えるという点です。

　デザイン評価とは「適切なデザイン要素に的確なデザイン原理を使っているか」を判断することです。デザイン要素とデザイン原理については第3章で紹介しましたがさらに本章で詳述します。

　デザイン（Design）＝デザイン要素（Element＝FCM）×デザイン原理（Law＝PBREH）となりますから、以下のように考えられます。

デザイン＝（FCM）× Proportion +（FCM）× Balance +（FCM）× Rhythm +（FCM）× Emphasis +（FCM）× Harmony

　このようにデザイン要素である形態・カラー・質感をデザイン原理ごとに分解します。製品デザインの評価は、この分解したデザイン原理ごとの評価項目によって、いかにデザイン要素（FCM）が的確に使われているかを評価し、それらを統合し判断することがデザイン評価になります。

　ここからはデザイン要素を評価するためにデザイン5原理ごとに考えていきます。

　説明では始めに各デザイン原理を制御することで変化する例をあげ、次に高付加価値デジタイザペンに応用した際に変化する例をあげていきます。次の図16-2-1は例示する高付加価値デジタイザペンの標準型です。

図16-2-1

2-2. デザイン要素をプロポーションから 評価する

　プロポーションとは人の体型を表現する時によく使われますが、デザイン要素となる面と面、面が構成する部分と部分、または部分と全体との関係を表す基準です。

　プロポーションという概念は、歴史的には古代ギリシャにおいて秩序と均衡による美を求めて「割合、比、比率」といった定量的な意味で使われていたようです。しかし中世以降、定性的な形而上学的な意味合いも含むようになり、認識論の変化により思考を説明する際にもプロポーションという概念を使うようになりました。

　デザインでは製品の一部分が全体に対してどのような関係に感じられるかを指します。テーブルの天板の縦横比や天板と高さ、またモニターのアスペクト比（矩形における縦横比）のような関係で、単に美感だけでなく実用性や機能性からの要求も併せ持ちます。プロポーションとしては黄金比（近似値は1:1.6）が有名です。

　プロポーションに限りませんが、製品の既存カテゴリーには長い年月に渡りデザイン5原理が調整されデファクトになっているデザインがあります。新製品開発に当たって「普通より長い」「通常よりバランスを変えた」「より強調した」など、デファクトとなっている製品との比較では語られることが多くなります。

　そのためプロポーションはデファクトとなっている既知の製品形態を基準として主たる構成部品の一部を変化させながら、異なるユーティリティが求められる製品を、新たなカテゴリーのデザインとして生み出してきました。

　例えばトングは、手で直接掴めない、熱いもの・危険なものなどを掴むために手指の延長として存在している道具です。指の代わりにな

る二枚の板が端点を支点としてつながり、反対先端を作用点として、その支点と作用点の間を力点として握り使用します。同じ構成要素と機能を持ちながら人の指では掴めない小さなものを掴むためにピンセットが存在します。また同様の構成要素ですが機能が異なる切るための道具として和ばさみがあります。和ばさみはインターフェースの作用点に刃をつけることでものを掴むのではなく、ものを切ることができるようになっています（図16-2-2）。

　「2つの板状のアームで構成され一方の端点がつながり支点を作り、もう一方の端点を作用点として、支点と作用点の間を力点として握ることで、支点と反対の端点である作用点を動かす」という機構上のプロポーションは3製品共通です。しかしトングでは比較的大きなものを掴むため手指全体を使って握るのに対し、ピンセットでは小さいものを掴むために鉛筆を持つように数本の指で操作し、切るための刃が付いた和ばさみでは力が必要なために小さくても手指全体を使って握る、というように使用するユーティリティに応じてインターフェースが変化します。

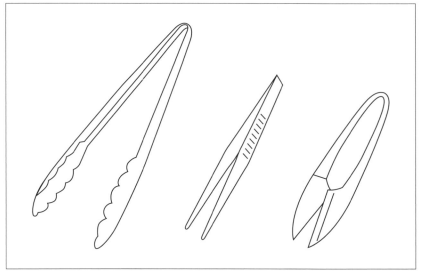

図16-2-2

同様な構成要素を持つ製品で形態は似ていても、目的が異なること
でプロポーションが変わることがあり、別のカテゴリー製品になります。

　プロポーションは製品が持つ機能概念を満たす形態に、物理的な見
地と人間工学的見地を活かして作られており、道具として最適なプロ
ポーションが時間をかけて練り込まれデファクトスタンダードとなるも
のが多くあります。ですからプロポーションという評価項目は、まずは
デファクトとなっているプロポーションを標準形として、どのようにデ
ザイン要素を変化させているかを検討します。そしてその変化量が製
品コンセプトに対して適切かを判断するデザイン原理になります。

　プロポーションのプリミティブな道具ほど変化させることが難しい
ですが、ユーザビリティを追求し発展させていくこともデザインの大切
な仕事です。新たなデファクトを目指して果敢に攻めることもデザイ
ンディレクターとして大切な姿勢です。

　次の図16-2-3は高付加価値デジタイザペンのプロポーションを変
化させた例です。ここではペン先に向かって細くなっていく部分（通常
口金と呼ばれる）の長さを変化させて全体のプロポーションを変化さ
せています。

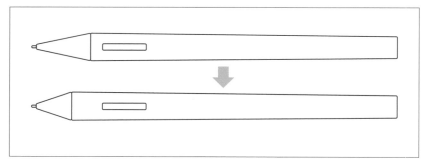

図16-2-3

　口金の角度を、尖ったプロポーションから鋭角を抑え鈍角方向へ変
化させることでプロポーションに安全性というイメージが生まれます。
イメージスキーマとしてはクレヨンを想起していくことから、子供らし
さが高まるとされます。

2-3. デザイン要素をバランスから評価する

　バランスとは、人が生まれたときから一瞬たりとも支配から逃れられない地球の重力に対し、自身の日々の生活において体感している認知から生まれたデザイン原理となる評価項目です。

　バランスは重力による物理現象から生じています。赤ちゃんのときから生涯にわたり生活のなかで随意筋と不随意筋を動かし、人間は物理的なバランスを得て静止したり運動しています。このバランス感覚は絶対的な感覚ですので、デザインの原理としても全ての人に敏感に作用しています。

　視覚におけるバランスのひとつはシンメトリーのバランスとアンシンメトリーのバランスに分かれます。シンメトリーであれば対称軸に対しバランスは安定しています。対してアンシンメトリーでは不安定さを感じます。これはシンメトリーの方が重力に対するバランスが取れていると視覚から認知するためです。図16-2-4を見てみてください。どこか不安定さを感じませんか？

図16-2-4

また誰もが感じるバランスのひとつに重心位置があります。対象物の上が大きく重心が高く感じるモノと対象物の下が大きく重心が低く感じるモノでは後者の安定感を高く認知します。

　例えば人は何かモノをつかもうとしたとき、どこを触っても危険がないようなモノであれば、意識しているかどうかに関わらず重心点付近を持とうとします。その方が最小の力でモノを安定して持てることが長年の経験から分かっているからです。もし重心点付近が持ちづらい、例えば重心付近と思う箇所に触ったら痛そうなテクスチャーのシグニファイアを持つモノがあったとすると、人は次に持てそうなアフォーダンスを探し、持つべきところを捜します。

　デザイナーが意図したシグニファイアが適切であれば、ユーザーはそこを見つけ持ってみます。ですから重心が気になるペンのような小さな携帯製品では、重心付近にアクセントが入っていて、持つべきシグニファイアを明確に主張している製品を、バランスの良いデザインとユーザーは認知します。

　バランスには個人差があまりないことも特徴です。重力に対してバランスを取ろうとする解に大きな個人差が無いためと言われています。つまりバランスを正当に使えば使いやすそうな安定したデザインになりますし、バランスを崩して使えば動きのあるダイナミックなデザインを作り出せます。バランスは製品コンセプトなどのデザイン条件に対して適切に活用することにより、製品に対するユーザーの感覚に大きな印象を与えることができる大切なデザイン原理であり評価項目となります。

次の図16-2-5は高付加価値デジタイザペンのバランスを変化させた例で上が標準型です。ここではペンの後部に向かって細くなっていく部分（通常軸と呼ばれる）の角度を変化させています。

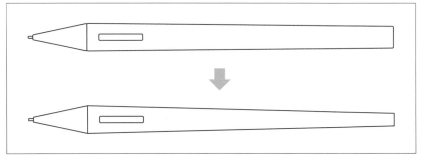

図16-2-5

　この軸を後方へ向けて絞ることで後方は軽いという認知が生まれ、重心が前方にあることがアフォードされます。現実にはペンの内容物の重量に影響されますが、すべてが同じ無垢素材で作られていれば、後方が軽くなりペンの前方へ偏りますから、前重心のペンが好きな方に強くアピールできるアピアランスを持った製品になります。

2-4. デザイン要素をリズムから評価する

　本来リズムは、音楽やダンスの基本原理で、運動や時間に関係して流動的なものです。自然界には生物の呼吸、脈拍、動作、歩行、疾走、叫び、鳴き方にリズムがあります。

　製品が視覚的に時間と運動が連動していない場合、リズムは本来無関係ですが、線や形を見て活動的なリズムを感じることができます。リズムの最も簡単なものは同じ形を繰り返すことです。例えば等間隔に打ち込まれている鉄橋のボルト図16-2-6は、正確な並びのリズムが整理された配列により強い応力に屈しない力感を感じさせます。それに対し目分量で打ち込まれた釘の列図16-2-7は、位置、間隔、深さがバラバラでリズムが悪いと認知します。

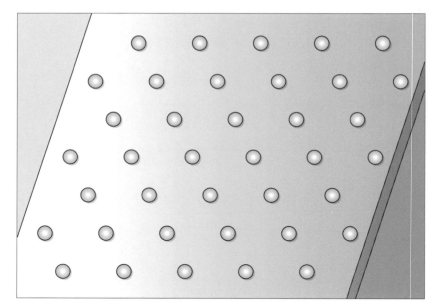

図16-2-6

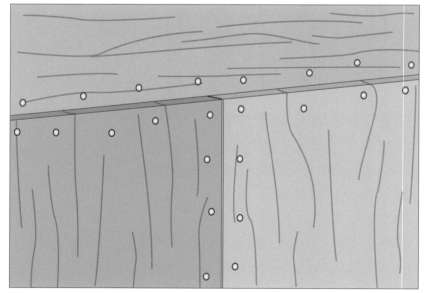

図16-2-7

　列車も、横から見ると窓と扉などが一定のリズムで繰り返され、と
ても精緻で洗練された機械であることが認知できます。
　これを発展させ、デザイン3要素の形態・カラー・質感を揃えたり、
これらの要素を形、大きさ、相対距離などを意図して配置することに
よってリズムを表現できます。

このリズムを製品コンセプトなどのデザイン条件に対して適切に活用できているか、またリズムが必要のない部分であるにも関わらず、リズムとなり製品にノイズが発生していないか、といった評価を行います。

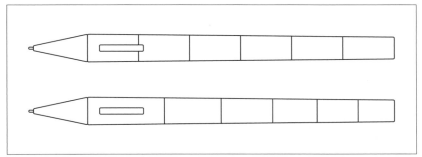

図16-2-8

　図16-2-8は高付加価値デジタイザペンに、ペンの長さ方向へリズムを感じる割線を取り入れた例です。

　この図のようにペンに割り線を入れることでデザインに動きが生まれ、ダイナミックな感覚を想起させることができます。

　上のスケッチは軸の全長を6分割した等間隔の割り線をいれ一定のリズムを感じるようにした例で、ペンの動きは限定的です。対して下のスケッチは割線を前方へ行くに従い徐々に広くしていくことで、リズムに変化をつけています。この割線により、前方へ行くに従って一つの区画がだんだん大きくなっていくというリズムの変化を感じると思います。このリズムにより、ペンの後方から前方へ向かってだんだんとパワーが盛り上がってくるイメージをユーザーに与えることができます。

　このようにリズムとはユーザーの認知を様々に変化させることが可能なデザイン原理であり評価項目です。

2-5. デザイン要素をエンファシスから評価する

　エンファシスとは強調を表し、デザイン要素である形態、カラー、質感の一部を特に目立たせ目を引くようにすることです。主題となるデザイン要素を大きくする、太くする、または一部のデザイン要素のコントラストを背景と比べ高くするなど、どの程度デザイン要素を目立たせるかということでメッセージ性をコントロールします。また目立たせたくないデザイン要素はそれが全体のノイズになっていないかを評価します。

　ここでは主題となるデザイン要素と、それ以外の部分となるデザイン要素の関係が、製品コンセプトを上手に表現するために適切に使われているかを評価します。

　主たるデザイン要素ではなく、配置しなくてよいものは極力割愛すべきですが、UIなどで存在は必要でも目立つ必要がない場合、これらのデザイン要素がバラバラな形態・カラー・質感・配置になっていると個々の要素の違いによりユーザーの注意を引くことになってしまいますので、デザイン要素と配置を揃えることによって情報を整理し、要素が混濁しないように注意する必要があります。

　エンファシスをうまく使った例として図16-2-9のオーディオアンプを見てください。最も頻繁に操作するボリュームは大きく配置されています。他のダイヤルやボタンは小さく配置することで強弱を付け、機能の優先順位を明確に表現しています。さらにインタラクションを表すパイロットランプは、非常に小さく一列に揃えることで製品の精緻感を生み出しています。

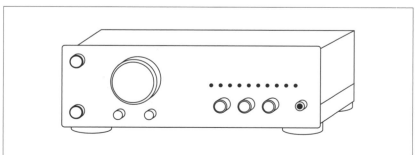

図16-2-9

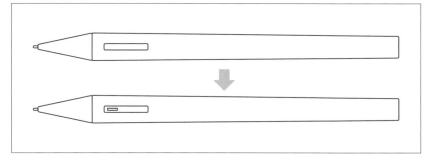

図16-2-10

　図16-2-10は高付加価値デジタイザペンの手元のボタンの先端部に印をつけることでボタンを強調（エンファシス）した例で上が標準型です。

　このように、操作ボタンが強調されていてもその部分の物理的面積が実際には増えているわけではありませんが、面積を増やさなくてもボタンが分かりやすいという認知をユーザーから得られます。

　エンファシスは製品の一部分を強調することでユーザーの認知を様々に変化させることが可能なデザイン原理であり評価項目です。

2-6. デザイン要素をハーモニーから評価する

　ハーモニーとはリズムと同じ音楽用語で、異なった楽器の音や歌声がひとつにまとまり、美しい音として調和することをいいます。これらハーモニー・リズム・メロディが音楽の3原理です。

　デザインと作曲の比較は第3章で紹介しましたが、加えてデザインがユーザーに与えるパワーについて音楽と比較して考えてみます。

　音楽ではメロディが音にメッセージというパワーを与え、リズムがノリをエンパワーメントし、ハーモニーが雰囲気をエンパワーメントします。ただの音の羅列である音楽ですが、音の作り手はメロディ・リズム・ハーモニーという音楽原理を操り、メッセージ・ノリ・雰囲気というパワーを音に込めることで、その音を受け取ったユーザーはこれら音楽のパワーを受容します。

　ここで製品に対して、音楽と同じように製品のデザインが生み出すパワーを視点とベクトル（方向性・加速度）と置きます。

　視点とは、製品デザインによってユーザーに感じてもらいたいそれ

らが持つ製品コンセプトが発する概念としての場であり、この場にベクトルとして方向性と加速度を与えることでデザインのパワーが発生します。

音楽のパワーは音楽を聞く人の状態を考慮していません。聴覚での知覚は脳に直接刺激として入り、結果としてユーザーの認知を引き出しますから、ユーザーが知覚を認知するメタ認知を必要としていません。その音楽からパワーとなるメッセージ・ノリ・雰囲気をユーザーは素早く受け取ります。

では製品デザインではどうでしょうか。聴覚以外の感覚器はユーザーがメタ認知を行うことで初めて知覚を意識し脳を動かし、さらに情報処理の過程で本質的な価値観や自身の知識・経験を参照することで製品に対しての認知が生まれます。

ここでいうデザインのパワーは音楽と同様に製品を見る人の状態に関わらず全ての人に見えてはいます。しかし製品の持つパワーを認知するのはその製品デザインに興味を持ったユーザーだけです。

ユーザーに対し、製品に興味を持ってもらうことも製品におけるデザインの重要な仕事ですから、アピアランスには製品コンセプトという、ユーザーに認知して欲しいパワーをできるだけ与えることが求められています。そのためデザイン要素とデザイン原理を駆使してパワーを発生させたい場となる視点を作り、ベクトルとして方向性と加速度を発生させエンパワーメントします。デザインディレクターは、ただの物体としてのデザイン要素にどのようなデザイン原理をどのように使えば、製品の受け取り手であるユーザーに、ズレを極小にしながらパワーを極大化して認知してもらえるかを指揮することが仕事です。このハーモニーが美しく強い協和音を奏でるように、さまざまな角度から評価しデザイン変更や修正の指示をしていきます。

音楽のパワーと同様に、製品デザインのパワーは、デザイン原理であるプロポーション・バランス・リズム・エンファシス・ハーモニーと完全に一対一で対応しているわけではなく、5原理が相互作用を生みながら表現する関係です。パワーを生み出すために最も効果的に作用している原理は、音楽と同様にハーモニーで、他の4原理をハーモニーがつかさどることで、カタマリとしての製品のアピアランスにデザインとしてのパワーを増幅させています。

デザインディレクターはデザインにこのようなパワーを生み出す力があることを理解し、5つのデザイン原理を使う際、主にプロポーション・バランスでデザインの視点となる外郭を作り、リズムとエンファシスなどでデザインの方向性と加速度を与え、ユーザーに最大のパワーを感じてもらうようハーモニーをコントロールします。ハーモニーとはこのようにデザイン原理を指揮することができるデザイン原理であり評価規準です。

　図16-2-11は高付加価値デジタイザペンに、プロポーション・バランス・リズム・エンファシスで与えたデザイン原理をすべて盛り込んだ例です。口金の角度の変化でプロポーションを変え、軸の太さを変えることでバランスを変え、軸の割線によりダイナミックなリズムを与え、ボタンにマークを加えることでUIを強調（エンファシス）しました。

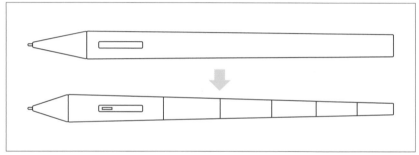

図16-2-11

　このように、デザイン5原理を変化させることで製品のデザインは大きく変わりました。すべての原理をテンションが高くなる方向へ変化させたことで、個々の原理を個別に変化させた時よりも、さらにテンションが高くダイナミックに感じられるようになりました。

　デザイン原理であるプロポーション・バランス・リズム・エンファシスという個々の原理の強弱と、それらをコントロールするハーモニーを変化させることで、プロジェクト条件、デザイン条件、製品コンセプトに適したアイデンティティ評価・ユーザビリティ評価・クオリティ評価が得られるよう調整し、製品のアピアランスにデザインパワーを最大化させることがデザインディレクターの役目です。

3. デザインの評価種別（モノサシ）と 評価基準（目盛り）について

　デザインの評価項目を構成している評価種別（モノサシ）ごとの目盛りにあたる評価基準について解説しましょう。

　全ての評価種別（モノサシ）ごとに評価基準は定量的又は定性的に存在します。しかしこの評価基準をすべて明文化して用意することは現実的ではありません。理由は、デザインの評価基準には定量的な値が決められていないものが大多数で、製品コンセプトの変化に応じて、評価するモノサシである評価種別が変化するからです。さらにそれらの相互関係の変化により、評価基準もさまざまに大きく変化してしまうためです。

　そのためモノサシとしての評価種別を明確に持ち、優先順位をはっきりさせることが肝要です。モノサシの目盛りに相当する評価基準（レンジ）は、もう少し大きく、もう少し小さく、もう少し上に、もう少し下にと、相互に関係するデザイン要素やデザイン原理を調整しつつ決めていくことが現実的な方法です。

　この評価基準が明文化できなくても評価種別を明確にしておくことで、デザイナとのコミュニケーションの乖離はなくなり、議論の質は確実に向上しデザインは明確に分かりやすくなります。

　またデザインを評価する方法は例題を含め形態について取り上げ説明しましたが、デザイン3要素であるカラーや質感にもデザイン5原理はあり形態と相互関係を持っています。また聴覚を利用した操作音や効果音、触覚を利用したUIなどとも深い相互関係を持ちますので、本章を参考にしていただきながらすみずみにまで配慮の行き届いたデザインディレクションを行うよう検討してください。

　製品開発の際、ここまで記した製品コンセプトを論拠としたデザインを評価する方法を参考にしていただきながら、デザイン要素、デザイン原理、デザインテンションという概念を用いてデザイン評価をさらに広範に実践していくことで、ビジネスパーソンであり企画者のあ

なたも自信を持って自主的にデザインを決定することができるように
なります。デザインディレクションする役職にアサインされるかどうか
は別として、ディレクションのスキルを実践できるようになることが大
切です。

　第1章に記しましたトレンドを感じるセンスの磨き方や、第2章で記
したデザインディレクターの覚悟など参考にしてさまざまなトレーニ
ングを日々弛まずに実践することでスキルは鍛えられます。

　デザインディレクションは天性の才能も大事ですが、考えた総量が
とても大切です。デザインを自身で決めるための覚悟を作るために、
視野に入る全てのデザインに対して自分が良いと思うデザインや、良
くないと思うデザインをなぜそのように感じどのように認知したのか、
自身で言葉にする練習を行うようにして、自身のデザインに対するボ
キャブラリーを集めるなど、日々の勉強を怠らずに自らを鍛えていきま
しょう。

おわりに

　本書をお読み頂きありがとうございます。

　奥付に私のプロフィールを載せていますが、なぜ私が本書を書くことに至ったかを説明させてもらうために簡単にキャリアを紹介させてください。

　私は電気工学科を卒業し、精密機器メーカーで機構設計からキャリアを始めました。いまやスマホに全て取って代わられてしまいましたが、当時は最先端だったデジタルガジェットの企画開発とブランディングを担当し、私自身もおもしろいと思った商品を作りだしました。

　第5章でも触れていますが、その後新規の事業開発を担当していたとき、それまでにない新しいUX提案の製品を考えました。全くの新ドメインでしたが、今後拡大する市場であることからステークホルダーを説得して新規に事業部を立ち上げ、紆余曲折を経ましたが無事市場に出すことができました。

　このプロジェクトは新UXのため、製品仕様、性能、デザイン、価格など、どのように設定し評価方法はどうするかという製品の根幹をまとめた経験者がいませんでした。そのため様々な分野での専門家の意見を集めましたが、各々が異なる立場での主張ということもあり、全てを取り入れることは出来ず、製品が成立しないことが危惧されました。そこで製品開発に関するあらゆるデザイン（プロダクト・アプリケーション・GUI・グラフィック・広告宣伝・プロモーション）の判断を一元化するクリエイティブ・ディレクターと、製品企画に絡む経済条件やステークホルダーとの調整を束ねるプロデューサーが必要であることを提案し、このプロジェクトの起案者だった私が任に就くことになりました。

　そのように始まった新UXの製品開発は未経験の連続で、スタッフ全員が当たり前と思っていたCIやBI、中長期の様々な戦略を見直し、モノづくりをゼロから考え直すという貴重な経験をさせてもらいました。この仕事は大変過酷でしたが、この経験が本書を記す骨子となりました。

　その後、プリミティブなモノづくりに携わりたいと考え、生活雑貨のSPA会社へ移り、文具、家電、自転車などいろいろなデザインディレクションを経験させてもらった後に独立、自身でもデザインを行いながら、文房具から産業機器のツール類、オフィスや店舗、CIやBIのデザインディレクションに関わっています。

モノづくりに没頭してきたキャリアですが、その中でいつも念頭においてきたのは、この製品は本当にみんなに「ちょうどいいかな」というモノの存在意義についてです。

　「ちょうどいい」とは製品の機能、仕様、性能、価格、デザインなど、さまざまな概念から成る総体がユーザーから見て「ちょうどいい」ということが前提です。加えて供給者としてメーカーとディストリビューターの開発リスク・コスト・利益が「ちょうどいい」ということ、さらに環境への負荷が少なくて「ちょうどいい」といった「ユーザー・供給者・環境の3つが全てちょうどいい」となることを目指し考えることです。

　これらの「ちょうどいい」をどのくらいに設定して製品を企画し開発すべきか、どのようにすれば社会のみんなが腑に落ちる「ちょうどいい」製品で満たされるのか、そしてみんなの生活が一番快適で世界中が「ちょうど良く」なったときに持続可能な社会の実現は達成できるのではないかと考えています。

　モノの存在意義を決めるのは市場原理と言われ受容性の低いモノは市場に淘汰されます。この市場原理に委ねるアイデアを提案するのはビジネスパーソンである企画者とデザイナーです。

　現在ではオープンソースやクラウドファンディングなどによってモノづくりはオープンになってきました。しかし誰もが自由にモノづくりに携われるわけではなく、まだ一部のモノづくりに携わる者に任されているのが現状です。そのためモノが生まれてくるコンテクストやモノの存在意義を第一義として、ゼロから製品を考える企画者やデザイナーが非常に大切になります。このモノの存在意義という最も根源的な問いに対し、企画者やデザイナーは新たに製品を仮説から提案できる重要な立場にあります。これは責任を持って存在理由を問う責務があると同時に、企画者とデザインの存在価値を高めるチャンスでもあります。

　だからこそ利益だけを第一義に考えた企画内容ではなく、製品の存在意義を第一義として、エシカルやサステナブルの実現という長い目で見た時の社会的価値が最大化する、本当に必要不可欠な製品の企画を提案して頂きたいと思います。

　少し大仰な話に聞こえるかもしれませんが、モノやサービスを使って生活しているユーザーサイドとしてのすべての方々、企画やデザイン、開発や製造を行っている供給者サイドの方々、これらすべての人が「ちょうどいい」をつくることに寄与しています。「ちょうどいい」を考えることは、私たちのこれからの生活全般を考えることです。この共通課題は深淵なテーマですが、みんなで考えることで未来を明るいものにできると思います。

これまであったルールや常識は、確実に賞味期限が迫っています。

　産業革命以降、モノづくりは理工学が駆使され、二度の世界大戦を経て今もなお繰り返されている戦争により皮肉にも著しい発達を遂げてきました。なにを開発するかは、理工学的に成立していることを存立要件としながら経済合理性が偏重されてきました。そのため人・モノ・社会の理想的なあり方を問う倫理観との乖離を黙認し経済優先での活動を続けた結果、モノづくりから倫理観が希薄になってしまいました。デザインも製品を売るためにアピアランスを整えるという使われ方から未だ脱却しきれず、根源的なモノの存在意義の提案に十分活用されていないのが現状です。

　このように経済を肥大化させることを第一義にデザインを用いるのではなく、概念を可視化できるデザインには、人・モノ・社会の理想的なあり方を考える倫理観と、先の理工学を再び繋ぐ役割を担う可能性があると考えています。

　デザインは長い間、専門家であるデザイナーだけが扱えるアート系スキルで、ビジネスパーソンは立ち入れない領域という不文律が存在していたと思います。しかしこのデザインは誰でも一定のレベルまでは勉強と実践で身につけられるスキルであり、誰でも参加し自主的にコントロールできることを提示することが本書の役目でもあります。

　このような思いから、本書「デザインディレクション・ブック」は生まれました。タイトルに「For Business Person（ビジネスパーソンのための）」と記したのはモノ作りに責任を持って推進している方々に読んでもらいたいと考え付けましたが、このビジネスパーソンのところを企画者、デザイナー、経営者と置き換えて頂いて、もっとたくさんの人達に「ちょうどいい」世の中を作るためのヒントにして頂ければとてもありがたいと思います。

　ビジネスの現場は毎日激しく変化しています。その変化の中で皆さんの参考になる情報はできるだけ早く届けることを第一義とすることがビジネス書に求められることと考え、変更が必要であれば随時変更したいという考えから本書をまとめました。そのため本書の記載は、著者の経験と調査によって得た仮説を実践の中で試行してまとめた内容で、参考としたオリジンの説を批評する意図は一切ありません。また関連学会などでコンセンサスを得た内容ではなく、あくまでもビジネスパーソンがデザインを理解するためのヒントとしてビジネスの現場で役立てて頂くことを念頭に記したことをご了承ください。また説明の粒度が揃わず読みづらい部分もあったと思いますがご容赦ください。

　最後になりましたが、本書を出版する機会を与えていただいたマイナビ出版編集部のみなさまに心より感謝申し上げます。

hashimotoharuo.com

橋本陽夫

INDEX

著者プロフィール

橋本 陽夫（はしもと はるお）

橋本陽夫デザイン事務所代表。

セイコーインスツルで時計設計を行った後、商品企画部としてブランド企画、事業企画を担当する。また新しい事業部を作りプロデューサー、クリエイティブディレクターとして新たなUX商品の開発に携わる。

その後、株式会社良品計画　企画デザイン室にてデザインディレクションを担当したのち、2011年から株式会社伊東屋にてクリエイティブディレクター。2014年から2022年10月まで、株式会社伊東屋研究所にて取締役、チーフクリエイティブオフィサー。千葉大学で非常勤講師を務める。

公益財団法人日本デザイン振興会リエゾンセンター研究員としてさまざまなプロジェクトに携わった。

STAFF

執筆：橋本 陽夫

ブックデザイン：
三宮 暁子（Highcolor）

DTP：株式会社シンクス

編集：角竹 輝紀、藤島 璃奈

デザインディレクション・ブック

2023年8月28日 初版第1刷発行

著者	橋本 陽夫
発行者	角竹 輝紀
発行	株式会社マイナビ出版
	〒101-0003　東京都千代田区一ツ橋2-6-3 一ツ橋ビル2F
	TEL：0480-38-6872（注文専用ダイヤル）
	TEL：03-3556-2731（販売）
	TEL：03-3556-2736（編集）
	E-Mail：pc-books@mynavi.jp
	URL：https://book.mynavi.jp
印刷・製本	株式会社ルナテック

©2023 橋本陽夫, Printed in Japan
ISBN978-4-8399-8181-5

・定価はカバーに記載してあります。

・乱丁・落丁についてのお問い合わせは、TEL：0480-38-6872（注文専用ダイヤル）、
　電子メール：sas@mynavi.jp までお願いいたします。

・本書掲載内容の無断転載を禁じます。

・本書は著作権法上の保護を受けています。本書の無断複写・複製
　（コピー、スキャン、デジタル化等）は、著作権法上の例外を除き、禁じられています。

・本書についてご質問等ございましたら、マイナビ出版の下記URLよりお問い合わせください。
　お電話でのご質問は受け付けておりません。

・また、本書の内容以外のご質問についてもご対応できません。

https://book.mynavi.jp/inquiry_list/